应对气候变化的低碳韧性景观研究与实践丛书
丛书主编 | 栾博

高密度城市建成环境健康感知研究

薛菲　栾博　苟中华　著

U0196051

中国建筑工业出版社

图书在版编目（CIP）数据

高密度城市建成环境健康感知研究 / 薛菲，栾博，苟中华著． -- 北京：中国建筑工业出版社，2024.9.
（应对气候变化的低碳韧性景观研究与实践丛书 / 栾博主编）． -- ISBN 978-7-112-30218-5

Ⅰ. TU-856

中国国家版本馆 CIP 数据核字第 2024C49H78 号

责任编辑：焦扬　徐冉
文字编辑：郑诗茵
责任校对：赵力

应对气候变化的低碳韧性景观研究与实践丛书
丛书主编　栾博
高密度城市建成环境健康感知研究
薛菲　栾博　苟中华　著

*

中国建筑工业出版社出版、发行（北京海淀三里河路9号）
各地新华书店、建筑书店经销
北京锋尚制版有限公司制版
建工社（河北）印刷有限公司印刷

*

开本：787毫米×1092毫米　1/16　印张：14½　字数：275千字
2024年8月第一版　　2024年8月第一次印刷
定价：89.00元
ISBN 978-7-112-30218-5
（43592）

丛书编委会

主　编：栾　博

编　　委：（排名以姓氏拼音为序）

崔光勋　郭　湧　刘少瑜　林广思　王志芳

王忠杰　俞　露　赵　晶　祝明建

丛书序一

21世纪以来，应对气候变化成为当前全球面临的时代主题，如何减排降碳和适应气候影响成为各国科学家和政府的关注焦点。城市是人类社会经济活动的高密度聚集地，受气候变化影响显著，更是化石能源的主要消费端。20世纪90年代以来，我国城镇化快速发展，大幅改善了人居环境质量，但灰色基础设施主导的粗放式城市建设对生态环境破坏巨大，城市高碳化、脆弱性特征明显。

景观绿化是城市人工生态系统的重要组成，是提供多种生态系统服务的绿色基础设施，在固碳增汇和增强城市韧性方面作用显著。目前，一些城市景观成为美化、亮化工程的代名词，不仅生态功能不强，反而高耗能、高排放，增加环境资源负担。如何高质量建设低碳化、绿色化景观，是支撑城市生态建设的一项重要任务。

我从20世纪70年代开始从事环境科学的教学科研工作，推动了我国环境科学的创建和发展，经历了我国环境问题的发生、发展和演变。随着20世纪90年代我国城镇化进程加速，人居环境问题愈发突出。2012年以来，我国全方位推进生态文明建设，我欣喜地看到我国生态环境保护和人居环境建设发生了历史性、转折性、全局性变化。未来，我国在推进人与自然和谐共生的中国式现代化过程中，美丽中国建设将迎来更多机遇与挑战。

栾博是我的博士研究生，2010年起主要负责了中国工程院重大咨询项目"中国特色城镇化发展战略研究"中的城市生态建设专项，之后以《绿色基础设施协同效应》为题顺利完成了博士论文。栾博长期专注绿色基础设施理论研究与设计实践，以环境学和景观学相结合的方式积累了优秀而丰富的成果，屡次在国际和国内景观设计领域获得认可。当前，我国生态文明建设仍处于关键期，参与全球环境治理更需要积极作为。应对气候变化的低碳、韧性可持续发展是我国新时代面临的一项重要课题。"应对气候变化的低碳韧性景观研究与实践丛书"形成了一套理论方法和实证案例相结合的探索性成果，兼具学术价值与现实意义。栾博将多年积累付之本套丛书的编著工作，希望丛书的出版能为我国人居环境领域的学者专家和政府决策部门提供有益参考。若能在应对气候变化的景观设计理论、技术与方法上作出一点创新贡献，将是对他多年付出的最大鼓励。

中国工程院院士

北京大学环境科学与工程学院教授

2024年2月1日

丛书序二

工业革命以来，地球表面发生了深刻改变，工业化和城镇化进程不仅对生物圈和生态系统产生了巨大的影响，也极大地改变了全球气候。进入21世纪，世界范围内的城市人口集聚，使人居环境在气候变化和不确定性影响中愈发显得脆弱和敏感，高温、洪涝、传染病等突发情况不断发生。这些现象在我国城市快速发展的几十年中显得尤为突出和严峻。

为了应对这些挑战，全世界都在积极寻求新的解决方案。基于自然的解决方案（Nature-based Solutions）强调将自然作为基础设施，利用自然的力量应对气候变化及复杂性挑战，因其相比传统工程措施更具多目标、低成本、高成效的优势而备受关注。基于自然的解决方案技术体系庞大而综合，需要生态、环境、景观、规划等专业更多实证研究的支撑，也亟待各国政府努力推动技术实践。近十年来，我国生态文明和美丽中国建设取得了积极进展，缓解和适应气候变化的"双碳"政策相继出台，推进了山水林田湖草沙一体化保护和修复、气候适应型城市、海绵城市、"城市双修"等一系列生态修复行动，为发展基于自然的解决方案贡献出宝贵的中国经验。

当下，我国国土空间保护和利用"三区三线"格局基本确立，城市建设正从粗放式增量扩张迈向精细化存量增效的高质量发展阶段，绿色、韧性、低碳发展成为主题。城市中由自然生命体构成的景观是城市的绿色基础设施，是基于自然的解决方案在城市尺度的主要载体。

在新的时代背景下，宏观尺度上对景观格局的保护控制已基本确立，而格局内部资源要素的优化配置和提质增效成为重中之重。如何促进城市自然系统更具韧性以帮助城市有效应对各类不确定性扰动和压力，如何提升景观在全周期过程中减排、降碳和增汇能力，如何通过设计和管理实现人与自然和谐共生的现代化，是未来一个时期景观设计学及相关专业面临的首要任务。

欣闻栾博主编的"应对气候变化的低碳韧性景观研究与实践丛书"付梓出版，正是应对这些问题的有益探索。该丛书以应对气候变化为切入点，以低碳韧性景观设计为方法论，涵盖绿色基础设施、环境健康、智慧化景观等领域理论方法与研究实践。栾博博士是20年前我在北京大学建筑与景观设计学院培养的第一批景观设计学硕士研究生，又在土人设计（Turenscape）实践多年，长期从事绿色基础设施与韧性景观的科研、咨询与设计工作，取得了丰富成果。本套丛书凝聚了栾博多年的思考与积累，兼具前瞻性、时效性和实用性，希望可以为美丽中国建设提供有益借鉴，也为全球环境治理贡献中国经验。

北京大学建筑与景观设计学院教授
美国艺术与科学院院士
2024年2月20日

本书序言

近年来，全球气候变化引起极端灾害频发和环境风险加剧，对人类身心健康和社会公众福祉带来严峻挑战。联合国于2015年发布了《2030年可持续发展议程》，为建设更加宜居和韧性的城市描绘了理想蓝图。世界卫生组织（WHO）的研究表明，现代城市的慢性疾病——缺乏体力活动、过度肥胖、社会隔离以及精神疾病导致的残疾和过早死亡，都与我们设计和建造城市的方式高度相关。如何在土地紧缺和人口扩张的背景下，提升城市环境品质，促进公众健康福祉，成为亚洲超大特大城市可持续发展亟待解决的议题。

"绿色建筑"理念自20世纪90年代开始兴起，旨在提高建筑及其场地能源、水和材料的使用效率，并减少建筑对人类健康和环境的影响。在早期阶段，包括英国BREEAM、美国LEED、新加坡Green Mark和中国《绿色建筑评价标准》等绿色建筑标准多以节能为导向，以应对全球能源危机和可持续发展愿景。近年来，绿色建筑不仅关注环境效益，更强调对人类健康和社会福祉的改善。越来越多的研究人员探讨绿色建筑与建成环境中的健康指标与人为因素，特别是对自然通风、自然采光、热舒适性、绿色空间、健康感知等关键领域开展了深入研究与技术探索。面向未来，建筑与自然的融合将提供更高品质的生活和工作环境，为亚洲高密度城市营造高品质的建成环境和高性能的疗愈空间。

我很荣幸为"应对气候变化的低碳韧性景观研究与实践丛书"之《高密度城市建成环境健康感知研究》撰写序言。这是一本健康城市与可持续建成环境领域较早开展实证研究和理论创新的先驱之作。该书从气候变化和绿色低碳的视角出发，以中国香港和新加坡作为亚洲高密度城市的典型案例，融合绿色建筑、城乡规划、景观设计、环境心理学等领域的理论方法和研究实践，为优化城市空间形态、提升环境热舒适性和使用者健康感知等方面提供了有益探索和策略建议。本书的主要作者薛菲博士是我在香港大学的博士研究生，她曾在北京、香港、新加坡和深圳等地长期从事绿色建筑与健康建成环境、韧性城市与低碳可持续发展等研究和规划实践工作，取得了丰硕的成果。我衷心期待，本书的出版能为应对气候变化的城市和建成环境设计提供创新思路和方法借鉴，助力我国高密度城市的可持续发展和居民健康水平的提升。

香港大学建筑学院名誉教授

梁黄顾建筑师（香港）事务所有限公司研究总监

2024年8月8日

目录

第 1 章

绪论

1.1 研究背景

19世纪初的工业革命通过快速的工业化、移民和城市化引发了人类社会的根本变化（Lopez，2011）。伴随着经济的蓬勃发展和基础设施的扩张，大量的人口涌入城市，引发了对人类健康和环境问题的密切关注。根据联合国2022年统计数据，全世界有34个城市的人口超过1000万，51个城市的人口在500万～1000万，其中超过半数的城市位于亚洲（UN，2022）。随着20世纪60年代的经济腾飞，以中国香港、新加坡为代表的东南亚地区逐渐从落后的传统农业区转变为城市化和经济发展水平最高的区域之一（Ho，2018；Yuen，2011）。为应对严峻的土地短缺和扩张的人口规模，中国香港、新加坡等亚洲大都市逐渐发展为紧凑的城市形态和高层、高密度的建筑类型，以适应现代城市化的持续推进。快速城市化改变了人们过去生活的环境，他们的行为也随着环境的改变而改变。在人口集中的大都市区，高强度的工作压力和快节奏的生活方式给人类身心健康带来巨大挑战。世界卫生组织（WHO）的研究表明，现代城市的慢性疾病——缺乏体力活动、过度肥胖、社会隔离以及精神疾病导致的残疾和过早死亡，都与我们设计和建造城市的方式高度相关（WHO，2016）。利用城市环境对公众健康产生的积极联系和正面影响，可以提高疗愈效果、产生协同效应和共同效益，对实现联合国可持续发展目标（SDGs）至关重要。

城市密度提升和生活质量降低之间的两难问题促使人们探索一种理想的建成环境，以作为有限的土地资源和优化人居环境的平衡措施（Xue et al.，2018）。基于将物理环境和人类健康利益联系在一起的证明，建成环境作为一个强大的因素，可以用积极的方式影响人类健康和提升生活品质。在20世纪60年代，户外娱乐资源评议委员会（Outdoor Recreation Resources Review Commission）的会议宣布，开放空间对人类的幸福是非常重要的，特别是对儿童的抚养、成人的娱乐和老年人的康复（Duhl，2002）。1987年建立的世界卫生组织健康城市项目（WHO Healthy Cities Project），为促进全球和区域健康和幸福感活动制定了新的战略政策和研究议程，以解决城市生态系统、可持续发展、人类健康和幸福感之间复杂的相互关系（WHO，2004）。2000年是全球对物理环境和人类健康活动的相关性研究越来越关注的时间节点（Sallis，2009）。对人类健康和建成环境的研究热点表明，学术界和专业界对"以人民健康为最高准则"作为城市规划设计的主要动力认知有了更深入的理解（Worpole，2007）。根据"亲自然假说"（Biophilia Hypothesis）①，人类与自然环境的联系比城市混凝土丛林要强得多（Ulrich，1993）。自然环境的积极干预可以改善情绪状态，阻断或减少来自城市周围混乱的忧虑（Marcus et al.，1999）。在现代社会中，人们90%的时间都是在建筑室内度过的，这导致了慢性疾病的增长和与自然联系的缺失（USGBC，2013）。绿色开放空间对心理健康的益处主要来自于自然的恢复性影响。前人研究显示，与自然的视觉联系或身处自然环境中都能够促进人类的健康与幸福感（Ambrey et al.，2014；Maller et al.，2005；Xue et al.，2019a）。城市绿地中有形的、特定的物理空间和活动设施，包括树林、草坪、水景、鸟类、林荫道等，对提升心理健康有显著相关性（Francis et al.，2012；Xue et al.，2016a）。实际上，城市绿色网络不只是通过构建绿色开放空间来降低城市建筑的密集度，它还能够满足人们对提高生活质量、环境保护、社会凝聚力和经济发展的根本需求（Imbert，2009）。

自20世纪90年代以来，"绿色建筑"运动作为对全球能源危机和可持续发展愿景的回应而兴起，旨在提高建筑及其场地的能源、水和材料的使用效率，并减少建筑对人类健康和环境的影响（Kubba，2012）。在早期阶段，以节能为导向的规范标准，如英国的BREEAM②、美国的LEED③、新加坡的Green Mark④和中国的《绿色建筑评价标准》等，已经得到了很好的发展，代表了新建筑革命的评级系统。然而，这些绿色建筑标准重点关注了绿色设计的节能环保策略，并不足以全面达到使用者需求的"健康"标准（Yeang et al.，2011）。近年来，越来越多的研究人员探讨绿色建筑设计和评估中的健康指标与人因要素（Gou et al.，2017；Khoshbakht et al.，2018；Xue et al.，2019b；Zhang et al.，2024）。其中，关于自然采光、自然通风和视觉质量的标准规范在某种程度上弥补了建筑室内和户外空间领域之间的差距（BCA，2024；BRE，2013；USGBC，2013）。建筑设计过程中与自然空间的无缝衔接和生态融合将创造一个"活的"城市生态系统，以促进人类健康和城市宜居（Yeang，1999）。只要生活、工作和休闲场所周边环境中蕴含自然要素，即使是一片最不显眼的绿色空间，也能为人类健康和幸福带来多重益处（Kaplan et al.，2011）。建筑内部和户外的自然元素将冰冷、沉闷和僵硬的工作场所变成了一个生动、欢快和以人为本的创造性空间。比如，工位窗口与自然的视觉联系可以产生更高的工作满意度，并释放与工作有关的压力

① "亲自然假说"是由爱德华·O.威尔逊（Edward O. Wilson）在1984年提出的，该理论认为人类与其他生命系统之间存在一种本能的联系。
② 指英国建筑研究院环境评估方法，始创于1990年。
③ 指美国LEED绿色建筑认证，创于1993年，LEED（Leadership in Energy and Environmental Design）译为能源与环境设计先导评价指标。
④ 指新加坡建设局于2005年推出的绿色建筑标志。

（Chang et al.，2005）；在装饰有抽象和自然画作的办公环境中，员工在面对与工作任务相关的挫折时会感受到较少的压力和不满（Kweon et al.，2008）；受访者在自然光照环境比人工光照环境下具有更积极的情绪感知和更加优异的工作表现等（Gou et al.，2015）。

如今，建筑与自然的融合在亚洲高密度建成环境中确立了一种绿色建筑设计的模式范例，成为城市发展中绿色空间缺失的一种补偿。由于人口密度、气候特征以及人口背景的差异，建筑与自然交融的城市形态在低密度地区和亚洲城市环境下具有显著不同。在高密度城市环境中，绿色开放空间的设计理念正从单一的、用于寻求庇护和恢复的大型绿地，转变为类似网络或者网格的结构。这种新型结构不是由孤立的大片绿地构成，而是将众多小型绿地以编织的方式相互连接，融入城市肌理之中（Thwaites et al.，2005）。如何从人类健康感知角度来评估建筑与自然融合的综合设计策略的有效性，成为研究和实践以人为本的健康建成环境的中心议题。

1.2 研究对象

本书以中国香港和新加坡为代表的亚洲高密度城市为研究对象，对所选案例室内外空间单元的物理建成环境和心理评价感知进行实证研究。中国香港和新加坡同为亚洲国际化大都市，它们在人口背景、人口密度和城市基础设施等方面具有相似的特点，但在气候特征、经济指标和社会发展方面存在一定差异。香港位于北纬22°附近，属于亚热带季风气候，受到凉爽的东北季风和温暖的海上气流的影响，气候湿润，夏热冬暖。新加坡位于赤道附近，属于典型的热带气候，雨量充沛，全年潮湿，气温持续偏高。香港土地面积为1117km²，其中建成区面积仅占25.4%，大约41.5%的土地为未开发的开放空间、自然空间和郊野公园[①]，其形态特征为超紧凑的高密度城市。相对而言，新加坡土地面积仅为735.2km²，其中建成区面积约占77.6%，大约21.4%的区域为森林和自然保护区[②]。新加坡政府自20世纪60年代以来制定了"花园城市"的国家政策，以创造"花园中的城市"来提高城市的宜居性。

长时间在室内工作的人群易受到建成环境和工作压力的负面影响，增加罹患疾病的风险。本研究的目标环境类型选定中国香港和新加坡的典型工作场所，即

① 数据来源：香港特别行政区政府规划署。
② 数据来源：新加坡统计局。

办公环境和校园环境，其目标人群为白领工作者和机构科研人员。研究案例选择了与绿地或开放空间相邻的建筑及其周边环境，工作场所的人员可以选择在绿色的大自然中休息和恢复。总而言之，本研究调查了14个案例，其中8个是经过认证的绿色建筑，6个是未经认证的传统建筑。共有413名符合条件的受访者完成了问卷调查，其中22人被邀请参加结构性访谈。大多数案例位于人口密度高、城市基础设施发达的城市中心。

对"疗愈空间"的研究始于人与空间通过有关行动和感知的媒介产生的意义和价值（Kearns et al.，1998）。研究公共卫生与城市建成环境之间的关系，旨在识别影响健康的关键空间特征，并探索人们如何在其生活环境中维持健康（Litva et al.，1994）。本研究旨在探究当代热带和亚热带亚洲高密度地区疗愈空间的共性与差异，以揭示物理建成环境与大众主观感知之间潜在的相互作用。该研究成果聚焦于场地布局对人类健康的影响，其结果可直接应用于规划策略建议和设计导则中。总体而言，本研究致力于提升建成环境综合品质，并增强亚洲高密度地区居民对公共健康的感知；探讨了如何打造一个能够改善日常工作环境健康水平的疗愈空间，以及如何将抽象的健康概念转化为具体的空间设计方案。所有这些问题均通过现场调查和数据分析进行了深入的研究和证实。

关注人的感受是提升健康感知的一个关键要素，这可以通过推动更加人性化的设计来增强建成环境的质量。然而，关于不同场地布局和人口特征如何影响健康评估和疗愈体验的研究仍然较少。此外，在一些热带和亚热带的亚洲地区，场地配置、微气候条件和健康感知之间的相互作用尚不明确。本项实证研究的成果将有助于为城市规划设计提供疗愈空间设计相关知识的策略建议和设计指导，同时在以下几个领域弥补了当前的研究不足。

①除了传统的城市绿色空间的特点外，在亚洲高密度建成环境的背景下，疗愈空间设计的具体标准和场地配置是什么？

②在不同人群和建成环境之间，目标人群的个人感受和健康评价是否存在分歧？

③建成环境、微气候条件和样本案例的个人评价之间是否存在任何潜在的关联性？

④中国香港和新加坡的实证研究结果能否为我国华南地区和东南亚其他地区具有类似湿热气候条件和人口规模的城市提供一般的设计策略和建议？

1.3 概念内涵

1.3.1 疗愈空间

本研究的重要价值之一是对"疗愈空间"的概念进行了创新性的重新诠释。在本书中,"疗愈"专指使用者在建筑或空间环境中的身心体验,并不仅限于从医学角度所定义的影响。换言之,"疗愈空间"的概念是一个建筑学领域的特殊术语,具有建成环境的含义和定义,笔者将在后续的内容中进行详细解释。城市绿地的治愈效果源于"疗愈花园"(Healing Garden)理论,该理论强调治愈性景观的核心作用在于增进幸福感和身体健康,以及帮助人们更迅速、更全面地从环境带来的负面压力和威胁中恢复(Ulrich,1999)。根据Minter(2005)的研究,"疗愈花园"主要有三个功效:①以植物为基础的药物可以治疗身体疾病,缓解精神压力和痛苦;②改善与自然环境相连的感官知觉系统;③作为精神的庇护所,充当人与神之间精神媒介的中心场所。在现代语境中,"疗愈"一词更倾向于第二种理解,即强调减轻压力以及环境对人的精神和情感健康所起的抚慰与恢复作用,而非强调其能治愈个人思想的能力。因此,在这项研究中,"疗愈空间"的概念已从最初的医疗保健环境转变为更广阔的视野,包括社会、心理和幸福感。本书涵盖的潜在疗愈空间包括街头公园、庭院、广场、游乐场、层叠露台、平台花园、绿色屋顶、绿化中庭和采光天井等,这些都与人们日常工作中的建成环境紧密相连。尽管如此,"疗愈空间"的定义随着时间和地点的不同而有所变化,而"治疗性景观"的概念是"依情境而定"的,它取决于个人与其更广泛的社会环境设置之间的变量(Gesler,2005)。

本研究的假设基于以下前提:如果城市绿地合理规划配置,不仅能发挥疗愈作用,还能进一步升级为促进公众健康的疗愈空间。前人已经从跨学科的视角探讨了建成环境与公众健康之间的关联,涉及城市可持续性与生态学、流行病学与公共卫生、宜居性与生活品质、环境心理学与人类行为等领域(Engineer et al.,2021;Gadais et al.,2018;Jevtic et al.,2022)。他们通过制定设计准则和相关法规,提高了城市设计的品质,进而促进了公共健康和社会福祉。

1.3.2 其他名词解释

其他名词解释 表1.3-1

名词	概念解释
高宽比 Aspect Ratio	城市研究中的高宽比（H/W）被定义为平均建筑高度除以街道峡谷宽度，显示出与特定时期的空气温度下降率呈负线性关系（Oke，1981）
亲自然性 Biophilia	人类有一种与生俱来的与自然连接的倾向，这种假设被称为"亲自然性"，意味着对植物和其他生物的喜爱（Beatley，2011）
建成环境 Built Environment	建成环境被定义为土地使用模式、交通系统和城市设计的特征要素，并包含了物理环境中的人类活动模式（PCAL，2011）
生态系统服务 Ecosystem Services	生态系统服务功能被联合国《千年生态系统评估》（MA）推广，其定义也被正式确定为四大类：提供如食物和水等的生产功能；调节如气候和疾病等的控制功能；支持如营养循环和作物授粉等功能；文化方面如精神和娱乐等的益处（UNEP，2003）
绿地容积率 Green Plot Ratio	绿地容积率（$GnPR$）是基于叶面积指数（LAI）的标准生物参数，用来描述一定区域内的平均叶密度（Ong，2003）
疗愈花园 Healing Garden	该类花园应该对绝大多数使用者产生疗愈或有益的影响，其目的是使人们感到安全、减少压力、更加舒适，甚至振奋精神（Minter，2005）
健康 Health	WHO定义健康是一种完全的身体、精神和社会幸福感的状态，而不仅是没有疾病或虚弱（WHO，1946）
宜居城市 Liveable City	宜居城市具备有吸引力的建筑和自然环境，包含社会包容性、可负担性、无障碍性、健康、安全并能抵御气候变化的影响等属性（Badland et al.，2014）
公共健康 Public Health	通过社会、组织、公共和私人、社区和个人的有组织的努力和明智的选择，预防疾病、延长生命和促进健康的科学和艺术（Sarkar et al.，2014）
天空可视因子 Sky View Factor	天空可视因子（SVF）是一个无尺寸的参数，用来表示从一个给定的位置到任何一点、上覆半球部分被开放的天空占据的比例。SVF对于确定表面辐射平衡非常重要，包括了长波辐射与短波辐射（Dirksen et al.，2019；Oke，1981）
树冠可视因子 Tree View Factor	树冠可视因子（TVF）是一个变量，表示树冠的遮蔽系数。TVF是指植被冠层所占据的上覆半球的百分比（Yang et al.，2010）
总体场地系数 Total Site Factor	总体场地系数（TSF）是确定热带和亚热带地区白天城市热岛效应变化的最可靠和稳定的参数，它综合了场地形状（即建筑物和树木分布）、太阳轨道、太阳辐射强度和时间等要素（Yang et al.，2010）
幸福感 Well-Being	联合国定义的人类幸福感有多种成分，包括美好生活的基本物质、自由和选择、健康、良好的社会关系和安全。人们所经历和感知的幸福感的构成因素取决于情境，反映了当地的地理、文化和生态环境（UNEP，2003）

1.4 研究框架

本书由8个章节组成，研究大纲详见图1.4-1。

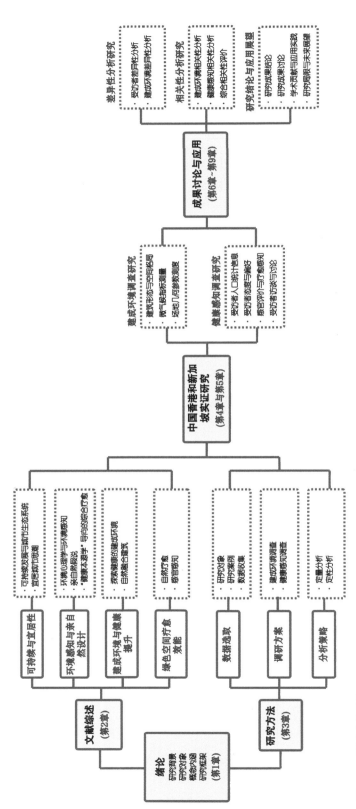

图1.4-1　研究框架图

第1章首先介绍了研究的背景和对"疗愈空间"的解释，提出了研究对象和相关概念内涵。研究背景介绍了对高密度城市建成环境、亲自然假说以及绿色建筑的关注，并说明了场地配置、微气候条件和健康感知健康评价之间的研究空白。

第2章主要从四个角度回顾了重点理论和研究领域，并总结了提出的研究假设。第一，概括了全球可持续发展的愿景，以及生活满意度和城市宜居的现实需求；第二，阐述了环境心理学的理论和机制，证明了自然环境对公众的体力活动、心理和情感的显著影响；第三，讨论了健康建成环境和绿色建筑的标准，弥补了室内空间和室外环境之间的研究缝隙；第四，集中讨论了设计过程中的疗愈特征以及在选定城市环境中构建疗愈空间的方法；第五，提出了研究的范围、假设和问题。

第3章阐述了研究方法的具体内容和过程。本书在以往研究的基础上，通过整合客观的实地考察和主观的调查，建立了一种综合研究方法，并特别详细说明了建成环境研究和健康感知调查的过程。此外，在标准、目的地、案例和数据收集方面介绍了研究设置的关键因子，并在定量方法和定性方法的子领域中强调了分析策略。

第4章和第5章分别介绍了中国香港和新加坡的数据分析。首先，介绍了每个城市的气候特征和城市发展政策的城市背景；其次，叙述了实地观察和现场测量的统计结果，以描述每个案例的建筑特征和场地配置；最后，将自填问卷调查和结构式访谈内容归纳统计，结果反映了案例中工作场所的受访者对建成环境的总体评价。

第6章介绍了对健康感知的比较分析结果。该研究旨在调查不同人群之间对健康感知的评价是否有显著差异，并验证了特定的建筑特征是否会显著影响健康感知的评价。健康感知的项目包括个人情感、感觉评价和疗愈感知。人口统计信息变量包括地区、性别、年龄、教育水平以及自评健康状况。建筑特征的指标包括建筑类型、建筑形态、视觉场景、有无绿色建筑认证以及通风模式。

第7章建立了相关模型来研究建成环境和公众感知之间的关系。建成环境的要素包括场地配置和建筑特征等变量，公众感知的要素包含健康感知和受访者偏好的变量。首先，讨论了场地配置和微气候条件之间的潜在相互关系；其次，阐述了以健康为导向的评价变量之间的相关性；最后，综合分析论证了物理环境的标准和主观感受的评价之间的相互关系。

第8章是本书的研究结论，总体论述了研究结果、讨论假设和应用场景。首先，总结了研究目标、关键概念、研究方法和主要成果；其次，讨论了受气候特征、城市形态和疗愈影响的因果关系；本研究的主要发现有助于优化热带及亚热带高密度建成环境的设计策略和政策支持，旨在提升工作场所的健康品质，使室内外要素建立高性能疗愈环境，并在设计实践和实施方面提出了三个设计模式的建议；最后，指出了研究的局限性和未来研究的方向，以及对新知识的贡献。

第 2 章

文献综述

2.1 可持续与宜居性

2.1.1 可持续发展与城市生态系统

（1）全球视野下的可持续发展

2015年，联合国发布了《2030年可持续发展议程》，为人类和地球现在和未来的和平与繁荣提供了共同蓝图。在其核心的17个可持续发展目标（SDGs）里，目标3 "良好健康与福祉" 与目标11 "可持续城市和社区" 都为人与城市的健康发展制定了明确的目标愿景。可持续发展目标的建立，包含了数十年的历史沿革[①]（表2.1-1）。此后，联合国自2016年至今持续每年发布《可持续发展目标进展报告》（*SDG Progress Report*），在可持续性的三个方面，即经济、社会和环境，持续推进目标进展，希望在地球生命支持系统的能力范围内实现更大的繁荣，并增加资本以实现更强的韧性和确保后代的发展。

可持续发展目标建立的历史沿革　　　　　　　　表2.1-1

时间	地点	会议主题	会议章程	工作目标
1992年6月	巴西里约热内卢	地球峰会（Earth Summit）	《21世纪议程》（*Agenda 21*）	建立全球可持续发展伙伴关系，以改善人类生活和保护环境
2000年9月	纽约联合国总部	千年首脑会议（Millennium Summit）	《千年宣言》（*Millennium Declaration*）	2015年减少赤贫等八项千年发展目标
2002年8～9月	南非约翰内斯堡	可持续发展问题世界首脑会议（World Summit on Sustainable Development）	《关于可持续发展的约翰内斯堡宣言》（*The Johannesburg Declaration on Sustainable Development and the Plan of Implementation*）	重申了国际社会对消除贫穷和环境的承诺，同时强调多边伙伴关系
2012年6月	巴西里约热内卢	联合国可持续发展大会（United Nations Conference on Sustainable Development）	《我们希望的未来》（*The Future We Want*）	制定一套可持续发展目标，以千年发展目标为基础，并建立联合国可持续发展高级别政治论坛

———————————

[①] 数据来源：联合国经济和社会事务部。

续表

时间	地点	会议主题	会议章程	工作目标
2015年9月	纽约联合国总部	联合国可持续发展峰会（United Nations Sustainable Development Summit）	《2030年可持续发展议程》（2030 Agenda for Sustainable Development）	联合国经济和社会事务部（UNDESA）可持续发展目标司（DSDG）为可持续发展目标及其相关主题问题提供实质性支持和能力建设，包括水、能源、气候、海洋、城市化、交通、科学和技术、全球可持续发展报告（GSDR）、伙伴关系和小岛屿发展中国家

（2）城市化和紧凑型城市

根据《2022年世界城市报告》，目前世界城市化率接近60%，其中有大约26亿人居住在大都市区，包括34个人口超过1000万的城市和51个人口超过500万的城市（UN，2022）。为应对严峻的土地短缺和扩张的人口规模，超大特大城市逐渐发展为紧凑的城市形态和高层高密度的建筑类型。在人口集中的大都市区，高强度的工作压力和快节奏的生活方式给人类身心健康带来巨大挑战。WHO的研究表明，现代城市的慢性疾病——缺乏体力活动、过度肥胖、社会隔离以及精神疾病导致的残疾和过早死亡，都与城市环境和建设方式高度相关（WHO，2016）。前人研究提出，一方面，与低密度分散化的城市形态相比，紧凑型城市的主要问题是绿色和开放空间的稀缺导致人与自然的隔离（Holden et al.，2005）。尽管紧凑型城市模式是处理城市化持续增长最可持续的居住类型，但缺乏自然开放空间，即树木、公园、水体等，威胁着紧凑型城市中的人类健康和幸福感。另一方面，混合用途的紧凑型城市形态能更好地促进就业、住房和服务在15分钟步行生活圈内平衡，鼓励人们参与更多促进健康的体育活动。街道网络的微观尺度设计创造了更好的街道连通性，鼓励步行者和骑自行车的人过上更健康的生活（Guest et al.，2013）。研究表明，住在内城的人比住在郊区的人更少依赖汽车，超重的风险更小（McCue et al.，2012）。由此可见，利用城市环境对公众健康的积极联系和正面影响可以提高疗愈效果、产生协同效应和共同效益，对实现可持续发展目标（SDGs）至关重要。

紧凑型城市虽然是巨大的，但在政府层面的适当管理、精心规划和组织下，仍然可以运作良好。新加坡通过推行"花园城市"，在高密度的建成环境中促进社区绿化，以平衡高密度建成环境和可持续发展之间的困境（Gugger et al.，2013）。中国香港只有25.4%的用地为高密度建成区域，超过40%是郊野公园和自然空间，营造了高效的城市运营模式（Lu et al., 2018）。总之，紧凑型城市是一种高度可持续的城市模式，它能产生较低的城市基础设施成本和更好的公共交通效率等。综上，在良好的运营管理下，亚洲高层高密度建筑形态的紧凑型城市将继续成为未来可持续发展的方向。

（3）生态城市与绿色都市主义

近几十年来，城市化、工业化导致大量移民涌向城市，造成生态环境恶化和自然资源枯竭的严重后果。现代城市规划和设计先驱伊恩·麦克哈格（Ian L. McHarg）于1969年出版的名著《设计结合自然》（*Design with Nature*）重塑了现代设计理论，以生态学方法描述社区规划设计，以人与自然和谐共生的视角阐述了未来生态城市的设计方法和愿景（McHarg, 1969）。在20世纪初城市扩张之后，广袤的乡村被西方世界的城市工业生产所侵占。麦克哈格认为，西方城市文明是建立在"人的力量是世界的唯一主宰，自然只是人类活动的弱小背景"这一哲学基础之上的。然而，正如希波克拉底[①]所言："人类的生命，无论是疾病还是健康，都与自然力量密切相关，大自然是不可抗拒和不可战胜的，我们必须了解它的规律，尊重它的建议，并把它当作盟友"（Mumford et al., 1995）。由此，绿色和有机的生态系统是城市可持续发展中最重要的议题之一，成为城市更新和新区建设的决策共识。世界银行将生态城市定义为通过综合城市规划和管理提高公民和社会福祉的城市，其利用生态系统的优势，为子孙后代保护和培育自然资产，涵盖了健康城市、可持续城市、节能城市、低碳城市、智慧能源城市的综合体系（Wu et al., 2020）。生态城市战略有望在提供健康宜居环境的同时，最大限度地减少对生态资源的消耗和对环境的负面影响（Bibri, 2020）。

20世纪70年代以来，在严重的气候变化和能源危机的挑战下，绿色都市主义被提议为可持续建设未来愿景的支柱之一。绿色都市主义是通过塑造更可持续的地方、社区和生活方式，为人类和环境创造多样化的利益（Beatley et al., 2012）。作为一种跨学科的设计和管理方法，绿色都市主义将土地利用、能源消耗、交通规划、生态战略、政府治理和经济发展整合为一个绿色的有机城市系统（Beatley, 2009）。前人研究表明，一个城市需要其500～1000倍的生态系统和高水平的生物多样性来保持生态平衡和健康（Cohen et al., 2012；Folke et al., 1997）。在快速城市化和未来发展的压力下，城市开放空间将不限于公园、绿地或空地，而是包括其他城市建设单位的一部分，即大学校园、商业办公区和修复的工业棕地（Colding et al., 2013）。因此，屋顶花园、绿色屋顶、绿化庭院和其

---

① 希波克拉底（Hippocrates）是古希腊伯里克利时代的医师，被西方尊为"医学之父"和"医学奠基人"。

他绿色空间等开放的半自然空间可以为城市居民提供必要的生态系统服务，作为高密度城市绿色空间损失的补偿（Xue et al.，2018）。

2.1.2　宜居城市思潮

（1）花园城市与社会转型

园林是反映社会历史发展的产物，"花园城市"运动彻底改变了现代城市规划的进程。以英国园林为例，从16世纪到18世纪的封建时代，传统的皇家狩猎场是上层社会炫耀富有和高尚地位的地方，也是贵族家庭展示其时尚生活方式的场所；在19世纪至20世纪的资本主义时代，公园成为现代城市的财富的象征。19世纪英国的工业革命之后，快速城市化吸引了几乎3/4的人口，造成了贫困、疾病等严重的社会和环境问题（Miller，2010）。埃比尼泽·霍华德爵士在1898年发起的"花园城市运动"（Garden City Movement），通过新建低密度的高标准花园社区来解决贫民窟的困境，试图为英国的工人阶级带来新的希望、新的生活和新的文明（Howard，1985）。"花园城市"超越了城市规划和设计范畴，为解决环境和社会问题创造了第三种选择——城市和乡村的联姻，这使得"花园城市"的模式成为一个具有自然疗愈的范本（Miller，2010）。"花园城市"建成以后为低收入人群提供了更好的工作和薪水，综合了城镇中充满活力和活跃的社会生活以及乡村中美好自然的健康环境，提供了更好的住房、宽敞的空间以及城镇与乡村之间的新关系。"花园城市"成为一种可持续城市和空间规划的经典范式，为后世的学者和实践提供了方向指引。

（2）生活品质和宜居城市

生活品质（Quality of Life，QoL）是指个人在广泛和多维意义上的整体幸福感（Böhnke，2005）。WHO将生活品质定义为"个人在其生活的文化和价值体系中对其生活地位的看法，以及对其目标、期望、标准和关注的评价"（WHO，1997）。自20世纪80年代以来，与健康有关的生活品质（Health-Related Quality of Life，HRQoL）及其决定因素已经发展到包括身体或精神的可能影响健康的整体生活品质的各个方面（McHorney，1999）。为了找到一个有用的工具来定量研究生活品质，主观幸福感（Subjective Well-Being，SWB）理论建立，被定义为人们对其生活的认知和情感评价（Diener，2000），包括幸福感、生活满意度和积极情感三个方面的评价方法、因果关系和理论框架。生活满意度是生活品质的关键标准，被认定为人们对日常生活的感受和个人美好生活的感知（Kaliterna et al.，2004）。

宜居城市（Liveable City）的一般标准表明，城市生产总值和环境表现之间存在着很强的相关性（ULI et al.，2013）。根据2023年美世生活质量调查全球排名（Mercer Quality of Living City Ranking 2023）[①]，以纽约为基准，进行社会、经济、环境等多元维度评估，前十位包含7个欧洲城市、1个北美城市和2个大洋洲城市。根据经济学人智库（EIU）全球宜居指数（The Global Liveability Index）2023年报告[②]，从稳定性、健康、文化与环境、教育、基础设施五个维度评估排名前十的城市中有4个来自欧洲、3个来自北美、3个来自大洋洲、1个来自亚洲（含2个并列第十的城市）。总体而言，排名靠前的城市具有中等尺度的城市面积和人口规模，拥有高质量的建成环境、完善的公共基础设施和设备、充足的城市公园和开放空间网络，以及保护良好的自然环境。

2.2　环境感知与亲自然设计

2.2.1　环境心理学与环境感知

环境心理学（Environmental Psychology）是一门研究个人与其物理环境之间关系的学科（Gifford，2007b）。感知被定义为实现对感官信息的认识或理解的过程，它在环境的物理特征与人类行为之间起到干预或中介的作用（Ewing et al.，2013）。"感知变化"（Alliesthesia）是一种能够改善主体内部环境的愉快或不愉快感觉状态的刺激，证明了人不是环境的被动产物，而是一个目标导向的存在，既作用于环境，也受到环境的影响（Parkinson et al.，2016）。一方面，人们适应环境；另一方面，人们调整和优化空间，以适应自己的需求和偏好。WHO指出，个人的生活质量与环境密切相关，生活满意度反映了个人的生活环境，同时也预测了个人未来的相关行为（Diener et al.，2013）。此外，人格与环境之间存在着紧密的联系，二者经常共同作用以影响行为（Gifford，2007）。根据库尔特·勒温（Kurt Lewin）的场论（Field Theory）[③]，由于人的行为与人的生活环境相互依存，因此人的行为可以被外部力量所理解和改变（Burnes et al.，2013）。美国绿色建筑委员会（USGBC）和英国建筑研究院（BRE）的研究表明，良好的采光可促进学生在教室更好地学习，开放的绿色空间可减轻工作压力；开放

---

① 排名前十的城市分别是维也纳、苏黎世、奥克兰、哥本哈根、日内瓦、法兰克福、慕尼黑、温哥华、悉尼和杜塞尔多夫。

② 排名前十的城市分别是维也纳、哥本哈根、墨尔本、悉尼、温哥华、苏黎世、卡尔加里、日内瓦、多伦多、大阪和奥克兰（并列）。

③ 库尔特·勒温（Kurt Lewin）是一位德裔美国心理学家，被认为是美国社会心理学、组织心理学和应用心理学的现代先驱之一。勒温最著名的心理学理论——场论（Field Theory），验证了个体与整体场域或环境之间的互动模式。

的室外空间有助于缓解焦虑，降低患者的血压和心率（BRE，2013；USGBC，2013）。对于疗愈康养而言，不达标的居住环境会导致身体和精神上的不适，而健康积极的环境则有助于减轻患者的痛苦，帮助患者康复（Gonzalez et al.，2009）。

从传统的四合院、马路市场，到摩天大楼、高层公寓，人们的生活习惯和行为方式都发生了翻天覆地的变化。生活在城市中的人们有一种与生俱来的与自然联系的愿望，这表现在游览城市公园、开放空间、私人花园或去郊外踏青等自发行为。由于自然环境的积极干扰可以改善情绪状态，阻断或减少来自周围混乱的担忧，现代城市自然空间的缺乏对公众健康带来巨大挑战（Hartig et al.，2006a）。在城市语境下复杂的心理因素中，视觉质量、环境美学和绿色空间是邻里满意度调查中最为关键的问题（Ambrey et al.，2014）。表2.2-1列出了环境心理学理论的更多细节。

环境心理学的相关理论   表2.2-1

理论	代表人物	代表性原则
Personology 人格学	亨利·默里 （Henry Murray）	内部程序和外部程序的自我和外部的经验。作为施加压力的环境在客观意见（Alpha压力）和人们的观点（Beta压力）之间存在差距
Field Theory 场论	库尔特·勒温 （Kurt Lewin）	场论是通过改变生活空间来控制人的行为的研究，生活空间是指心理环境、知觉环境、心理场、社会场和力场
Gestalt Psychology 格式塔心理学	库尔特·戈尔茨坦 （Kurt Goldstein）	人们可以通过改变自己对不愉快情境的感知来改变自己的行为；从格式塔的角度来看，行为不仅仅是外部刺激的产物，也是产生于个人对这些刺激的感知；行为的改变是一个学习的过程，涉及感知、洞察、展望、期望或思维模式
Environmental Response Inventory 环境响应清单	乔治·麦克奇尼 （George Mckechnie）	环境人格评估系统，包括八个结构：①田园主义；②城市主义；③环境适应；④刺激寻求；⑤环境信任；⑥古板主义；⑦隐私需求；⑧机械取向
Subjective Well-Being（SWB） 主观幸福感	埃德·迪纳 （Ed. Diener）	主观幸福感被定义为人们对其生活的认知和情感评价，包括幸福感、生活满意度和积极情感，它在三个方面进行了讨论：测量、因果因素和理论。对SWB的研究可用于制定国家幸福指数
Environmental Competence 环境胜任力	弗里茨·斯蒂尔 （Fritz Steele）	环境胜任力是指人们以有效和激励的方式处理周围环境的能力；它指的是人们在环境中的学习能力

续表

理论	代表人物	代表性原则
Reasonable Person Model 合理人模型	斯蒂芬·卡普兰 雷切尔·卡普兰 （Stephen Kaplan, Rachel Kaplan）	合理人模型认为，当环境支持人们的基本信息需求（包括探索和理解、有意义的行动和恢复等）时，人们会更加通情达理
Theories of Restorative Benefits of Nature 自然修复益处理论	罗杰·S. 乌尔里希 （Roger S. Ulrich）	减压理论：在体验自然刺激的过程中减少压力。注意力恢复理论：通过体验自然刺激从定向注意力疲劳中恢复。自然观点的中介效应
Biophilia Preferences 亲自然/偏好	爱德华·威尔逊 蒂莫西·比特利 （Edward Wilson; Timothy Beatley）	人类与生俱来就有与大自然亲近的倾向，这一假设被称为"亲自然性"，意指对植物和其他生物的喜爱
Stress Reduction Theory 减压理论	罗杰·S. 乌尔里希 （Roger S. Ulrich）	大自然的疗愈力在于对自然元素的一种无意识的、自发的反应，这种反应可能在没有意识到的情况下发生，最明显的是在经历之前压力很大的人身上
Attention Restoration Theory 注意力恢复理论	斯蒂芬·卡普兰 雷切尔·卡普兰 （Stephen Kaplan, Rachel Kaplan）	以大自然的力量为中心，通过对自然景观的无意识认知过程来补充某些类型的注意力

2.2.2 亲自然假说

由于人类历史是随着自然进化而发展的，人们与自然环境的联系要比城市混凝土丛林紧密得多（Kellert，2005）。然而，现代城市中人们90%的生活时间都是在建筑物内度过的。来自建成环境的刺激，如高密度、复杂性、噪声、光线、气味等，可能会导致认知过程中的注意力分散和集中力过载，从而引起压力与疾病（Larkin et al.，2022）。在联合国《千年生态系统评估——生态系统与人类福祉：评估框架》[①]中，生态系统服务是自然让人们从中获得益处。在公众健康方面，生态系统服务可为人类提供充足的营养、清洁的饮用水和新鲜的空气、足够保暖和降温的能量，并远离可避免的疾病（UNEP，2003）。东方的观点认为，如果人与自然能够和谐相处，世界将趋于平衡。在中国古代，人们懂得如何应对洪水，以可持续的方式实现自给自足的生活，这就是所谓的"生存的艺术"（Yu

---

① 《千年生态系统评估——生态系统与人类福祉：评估框架》是由联合国环境规划署（UNEP）在2003年编写的，旨在改善地球生态系统的管理，并确保它们得到保护和可持续利用。

et al.，2006）。鉴于当前不可持续的生活方式耗尽了自然资源并超出了未来世代可再生的范围，建立与自然共生的城市生态系统愿景是解决城市扩张和自然保育的有效途径。

从"亲自然假说"的角度来看，研究人员认为，通过与自然的视觉联系或置身于自然环境中等接触方式可以促进人类的健康和幸福感（Wilson，1984）。如果病人的窗户能看到大自然的景色，他们从手术中恢复的速度会更快，所需的止痛药也会更少（Ulrich，1999）；如果人们在有自然窗景的办公室工作，他们会感到舒适，压力较小（Bringslimark et al.，2011）；学生在窗外自然景观较多的教室中参加定向注意测试中的得分要高于自然景观较少的教室（Lindemann-Matthies et al.，2021）；人类与生俱来就有关注自然和生命过程的倾向，对自然环境的心理本能是人类历史上社会行为的核心（Kellert et al.，1993）。与自然接触的另一种方式是置身于自然环境中。现代环境心理学认为，日常生活中的自然环境有助于激发人们的最佳状态。根据斯蒂芬·卡普兰和雷切尔·卡普兰的研究，生理和心理压力过大的人会产生无能和分心的感觉，这导致他们从恢复性体验中寻求益处（Kaplan et al.，2011）。对人类压力反应的研究表明，自然环境有助于缓解或减轻压力，环境支持是提高人类健康和幸福感的重要因素。自评生活质量或生活满意度评估与人类生活环境高度相关，这揭示了自然环境在幸福感中的重要作用（Diener et al.，2013）。城市绿色开放空间为压力恢复和身体活动提供了机会，为社区提供社交互动空间和儿童玩耍场所。慢性压力、缺乏身体活动和缺乏社会凝聚力是非传染性疾病的三个主要危险因素，因此丰富的城市绿化是促进健康的重要资产（Bosch，2017）。

2.2.3 "健康本源学"导向的综合疗愈

WHO认为，健康是一种身体、精神和社会福祉的完整状态，而不仅仅是没有疾病或虚弱（WHO，1946）。"健康本源学"（Salutogenesis）这一概念由医学社会学家亚伦·安东诺夫斯基（Aaron Antonovsky）教授提出，他研究健康（Health）、压力（Stress）和应对（Coping），强调除了身体健康以外的心理健康和社会幸福感（Antonovsky，1996）。压力被视为一个人在环境要求与应对能力之间存在实际或感知的不平衡状态（Stokols，1979）。应对是指人们为了防止、避免或控制情绪困扰而采取的行为，以免受到负面社交经历的心理伤害（Pearlin et al.，1978）。压力、焦虑、抑郁和失控会对人类健康产生负面影响，而乐观、坚韧、自信、一致性和控制感则有助于健康（WHO，2004）。与传统的"病原学导向"（Pathogenic）不同，"健康本源学"通过考虑如何创造、提高和改善身体、精神和社会幸福感来进行前瞻性预防工作（Becker et al.，2010）。除了没有疾病之外，整体感觉良好，能够积极地在社会环境中履行自己的角色和任务也是健康定义中不可或缺的一部分（Weiss et al.，2015）。基于该健康模型，健康促进的关键问题是有益因素而非致病因素，这为新时期的医疗保健体系框架提供了指导。

立足"健康本源学"的视角，与社会和生态资源相关的环境因素会影响人类的生活质量和健康状况（图2.2-1）。因此，健康可被解释为一个"从自然中获益"的过程，以及与我们生活环境的积极互动（Macdonald，2005）。"健康本源学"的核心价值在于赋予人们和社会对自身健康负责的能力，而不是仅仅关注疾病的预防和治疗（Heimburg，2010）。建成环境的质量在很大程度上影响着生理和心理健康。"健康本源学"为社会心理支持设计提供了基本的理论框架，其中应包含以下因素：从视觉和物理上接触自然；个人对光线和通风等的控制；接触有象征性和精神性元素、艺术，良好的照明，有吸引力的社会交往空间和私人空间；提供日常生活积极体验的室内环境（Dilani，2009）（表2.2-2）。

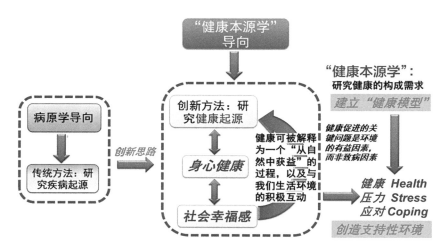

图2.2-1 "健康本源学"与"病原学导向"的相互关系

社会心理支持设计的环境特征和属性（Dilani，2009） 表2.2-2

人类需求	环境特征和属性
平衡个人空间	如果一个人能够控制自己的社会交往水平，就可以调节和实现社会交往与理想孤独之间的平衡
自然与健康	恢复性的环境应该是吸引人的，与大自然的美学相平衡的，让人们在大自然的色彩、形态和气味中进行思考，这在鼓励人们忘记日常生活方面是无与伦比的
日照、窗户和照明	窗户的作用是让新鲜空气和日光进入室内，并提供视野

续表

人类需求	环境特征和属性
色彩、空间和地标	色彩应该引起城市规划者的高度关注，这主要是因为色彩具有审美价值，同时也因为色彩具有象征意义，可以反映一个机构的理念； 地标与压力感知密切相关，可以作为建筑物中的参照点，便于定位和创建我们对环境的认知地图
声音、音乐和健康	噪声是物理环境中的一个常规因素，它可以造成紧张体验和刺激，从而导致压力和引起与压力相关的疾病； 影响个人声音体验的有三个变量：音量、可预测性和控制可能性
艺术、健康和幸福感	艺术心理学是一门经验性的科学学科，主要研究人的内在和外在行为以及它们与艺术的关系
积极环境和生产力	对物质环境的投资和改变，以改善健康状况和提高生产率而带来收益

2.3　建成环境与健康提升

2.3.1　探索健康的建成环境

（1）健康的生活空间

城市是组织人和空间布局的综合载体。人类幸福感与积极的物质空间密不可分，物质空间对人类情绪有着深远的影响，进而会影响人类健康。因此，在建筑和城市空间的设计中应重点考虑人的健康要素。健康的建成环境被定义为在日常生活中对人们健康提供支持的环境，包括体育活动、社会交往和健康食品供应等领域（Kent et al.，2011）。关于人类健康与建成环境之间联系的研究证实，学术界和专业人士越来越认识到健康是城市规划和设计的主要动力。越来越多的实证研究证明生活在较多的绿色空间内能促进人的健康，居住环境的绿色程度与自评健康状况之间的关系更为密切（Jin et al.，2019；Lee et al.，2011；Yang et al.，2023）。绿色开放空间会导致人们花费更多的时间参与户外体育活动，进而促进身心健康（Cohen et al.，2014；Kraft et al.，2012）。表2.3-1列出了城市建成环境中促进"积极生活"方式（Active Living）的空间标准。根据前人研究，公共开放空间（Public Open Spaces，POS）的质量通过具体的建成环境设置来衡量，比如水景、鸟类、遮阴和步行道等，相比其他无形的情感感受，对心理健康有更强的关联作用（Francis et al.，2012；Van Hecke et al.，2018）。美国景观设计师协会提出，无论是后院、花园、住宅开发还是州立公园，建成环境中的景观可以通过弥合原始生态系统和在快速城市化过程中丢失部分之间的差距来支持自然生态功能（ASLA，2009）。因此，公园和绿地等公共开放空间，是社区内鼓励各种体育活动行为的关键建成环境要素，其分布和品质成为影响城市居民健康的重要标志。

健康建成环境促进积极生活方式的空间标准　　　　表2.3-1

类别	关键因素	健康建成环境的空间标准
步行友好与连通性	土地混合使用	需要社会、经济、政治和建成环境政策的组合来积极影响体育活动水平
	紧凑型开发和高密度住宅	短距离的日常出行以及建设密度、混合使用和微观设计元素的结合，可以促进体育锻炼
	慢行交通系统	维护良好的人行道和自行车道，鼓励步行和骑自行车出行
可达性	安全入口	能够获得优质安全的开放空间的人更有可能积极参加体育锻炼
	接触自然	绿地和开放空间的位置和处理方便人们使用
	公共交通	公共交通可到达公共娱乐设施

（2）健康的工作环境

工作是人一生中最重要的事项之一，工作场所的建成环境也与公共健康息息相关。人们工作的建筑及其布局方式将决定与同事的距离、与上司的可见度、声学和视觉的私密程度、工作时的温度和光照水平以及呼吸的空气质量（Baldry，1999）。大学校园是知识的栖息地，是实现创新和创造性思维的理想场所。校园里大片的自然开放空间为师生提供新鲜空气和休憩支持，有助于缓解由竞争和人际交往引起的学业和经济压力（Andrews et al.，2007）。办公室的物理环境对员工的工作效率和满意度有重要影响，物理环境的变化也会影响员工的行为。在办公室环境中，室内和室外的疗愈空间将冰冷、乏味和死板的工作场所转变为充满活力、欢快和创造性的以人为本的空间（Boubekri，2008）。其他研究发现，在装饰有抽象和自然画作的办公环境中工作的人，在应对与任务相关的挫折时会经历较少的压力和不满（Kweon et al.，2008）。一项来自瑞典的研究探讨了员工在工作期间使用工作场所绿地的情况，证实了在物理空间和视觉上接触工作场所绿化与积极的工作场所态度和降低的压力水平之间存在显著关系（Lottrup et al.，2013）。还有研究发现，在没有窗户的办公室工作的员工会通过在工作场所摆放植物和自然图片来缓解工作压力（Bringslimark et al.，2011）。因此，绿色健康的办公环境成为工作场所的目标愿景，重点强调机构对社会和环境的社会责任，即员工舒适与健康、日光与视线景观品质等。

（3）健康与场所营造

在17、18世纪的欧洲国家，城市公园和花园是社会交往的中心，包括谈话、散步或精心制作的戏剧表演和节日庆典。现代景观学者指出，园林是新社会观念的媒介，反映了艺术、建筑和新社会秩序的美学发展（Church et al.，1995）。城市开放空间在现代社会充当了非正式户外客厅的角色，通过让人们与他人、大自然和其他环境进行日常互动，促进了社区意识的培养。Carlson等（2012）指出，涉及当地企业和其他目的地的宣传计划可能会有效提升居民对步行环境的认知。这种互动在安全的街道和公共空间对所有人开放，是对城市和社区场所营造的积极回应（表2.3-2）。

实现健康场所营造的空间标准　　　　　　表2.3-2

类别	关键因素	健康建成环境的空间标准
城市互动	开放空间的互动	绿地和开放空间有助于人与自然的接触以及与社区的联系
	街道和社区内的互动	区域尺度的城市结构和微观尺度的建筑设计都会影响街道和社区内的偶然互动
现场管理和安全	安全	虽然社区感和社会交往是健康的关键决定因素，但也要确保社区感是安全和健康的
	平等	老年人和残障人士的平等
	环境保护	吸烟/空气质量控制、噪声控制
设施和项目	便利设施	餐厅、咖啡厅、长椅、小卖部、街头艺术、游乐场、儿童游乐园、小径等
	地标身份和视觉联系	视觉传达设计，地标
	项目	周末和节假日社区活动、地方文化和遗产保护及教育系统、环境教育系统

2.3.2　自然融合建筑

（1）绿色建筑促进健康和幸福感

建筑是为居住、工作和娱乐而设计的，以各种方式影响使用者的整体幸福感：空间感知、热舒适度、视觉和听觉刺激等（Clements-Croome，2011）。这些要素针对的是以居住者为中心的可交付成果，将环境空间与对生理、心理、社会和经济幸福感的影响联系起来（Lam，2011）。自20世纪90年代以来，"绿色建筑"运动已成为应对全球能源危机和可持续愿景的回应，旨在提高建筑物的效率和能源、水、材料的使用，同时减少对人类健康和环境的影响（Kubba，2012）。美国的LEED、英国的BREEAM、新加坡的Green Mark、中国的《绿色建筑评价标准》等在全球范围内实施，旨在促进建筑在法规基础上降低能耗。然而，这些绿色建筑设计标准只是解决可持续设计关键策略的部分清单，并不能全面实现使用者所考虑的"健康"标准（Yeang et al.，2011）。当前的发展趋势下，将在建筑设计过程中实现自然环境的无缝衔接和生物融合，通过创造有生命的城市生态系统，促进宜居空间和健康的生活方式。

根据与健康和幸福感相关的建筑特征和属性，绿色建筑法规中包含了自然采光、自然通风、视觉质量等因素（表2.3-3、表2.3-4）。在日常生活中，日光是使人类昼夜节律与光生物系统同步化的主要刺激因素，它与多种健康问题有关，如荷尔蒙失调、睡眠障碍、抑郁等（Hraska，2015）。自然采光设计是减轻无聊和消极情绪的最有效方法之一。根据使用后的评价显示，员工更喜欢有自然采光的窗户，实验室和住宅中的自然采光与更高的舒适度和满意度有关（Aries et al.，2015；Heerwagen，2006；Hua et al.，2011）。此外，与自然环境的物理和视觉联系（户外空间、自然景色、自然采光）可带来社会、心理和身体方面的益处。这种联系还有助于病人的康复和愈合，减轻压力，改善整体医疗环境。自然通风是连接室内外空间的桥梁，再次成为降低能源成本和提高室内环境质量的一种有吸引力的方法（Wen et al.，2023）。自然通风已被建议作为绿色建筑评估评级系统中的一项重要规定。以新加坡邱德拔医院（Khoo Teck Puat Hospital）为例，可开启窗户的遮阳装置提供了自然采光和自然通风，提高了室内环境的舒适度（Tan，2012）。

与健康和幸福感相关的建筑特征和属性　　　　　表2.3-3

体验/需求	类别	建筑特征和属性
与自然的视觉联系	视觉设计	自然采光；自然的室外空间景观，如天空和天气、水景、花园、室内植物、室外广场、带有自然采光和植被的室内中庭、自然材料和装饰
体育活动促进	运动和路径设计	开放式室内楼梯；有吸引力的室外步行道；室内健身设施；鼓励爬楼梯的跳层电梯
感官变化和可变性	感知设计	昼夜节律；为感官感知（触觉、视觉变化，色彩，悦耳的声音和气味）而选择的材料；空间可变性和适度的视觉复杂性
行为偏好和控制	行为设置设计	个人控制环境条件（光线、通风、温度、噪声）；多种行为设置，支持不同的活动；支持移动性的技术，能够在独处和社交活动空间之间轻松移动
社会支持和社区场所建设	社会活动设计	具有文化和群体身份符号的多种聚集空间；提供食物来吸引受众；爱护环境的特征（维护花园、个性化手工艺品）
隐私要求	安全设计	用遮挡材料进行封闭；与他人隔离的隐私空间；匿名的公共空间

绿色建筑评估工具中的自然采光、自然通风和视觉质量   表2.3-4

类别	评价工具	条款编号	健康和福利导向标准
自然采光	BREEAM 国际新建建筑第6版	HEA 01 视觉舒适度	相关建筑区域符合平均日光系数和日光照度建议中概述的良好采光标准
	LEED 第4版	EQ Credit 自然采光	通过将日光引入空间，将建筑使用者与室外联系起来，加强昼夜节律，减少电气照明的使用
	BEAM Plus[①] 新建筑第2版	HWB 11 自然采光	证明至少55%被评估的使用空间总面积达到了空间自主采光阈300/50%（sDA 300/50%），且不超过10%的相同面积接受的年日照量1000, 250（ASE1000, 250）
视觉质量	BREEAM 国际新建建筑第6版	HEA 01 视觉舒适度	根据办公桌或工作空间与窗户/开口的距离，要求窗户/开口尺寸占周围墙壁面积的百分比
	LEED第4版	EQ Credit 优质景观	建筑物中75%的常规占用楼层面积必须提供可见自然或城市环境的视野，室内中庭的视线可以占到所需面积的30%
	BEAM Plus 新建筑第2版	HWB 2 亲自然设计	证明被评估空间与自然的视觉联系和（或）亲自然设计特点在视觉质量上的得分为2分或以上，可得1分奖励分
自然通风	BREEAM 国际新建建筑第6版	HEA 02 室内空气质量	建筑的使用空间设计能够提供新鲜空气，使用者控制可开启的窗户来获得足够的空气交换
	LEED 第4版	EQ Credit 加强室内空气质量策略	75%的常规使用空间应配备可手动开启的窗户，以提供室外空气的通道。这些窗户必须符合ASHRAE 62.1-2016附录I第6.4.1.2节中关于开口尺寸和位置的要求
	BEAM Plus 新建筑第2版	EU 1 低碳被动式设计	通过模拟，展示项目空间（包括常规使用空间和非常规使用空间）的设计如何促进自然通风的利用，并提供相应的依据
		HWB 4 加强通风	为常规使用和非常规使用空间提供新鲜空气，证明建筑物内所有空间已加强通风或提供了足够的通风设备

---

① 指香港绿色建筑环境评估方法。

（2）微气候环境

前人研究证明，天空可视因子、高宽比、建筑密度、建筑布局及朝向，以及树冠可视因子等场地几何参数，与微气候环境密切相关（Gou et al.，2018；Salata et al.，2017；Xue et al.，2017b；Yang et al.，2010）。太阳辐射是影响室外空气温度的最重要因素之一，早期的研究主要集中在空气温度与天空可视因子之间的关系（Svensson，2004；Wong et al.，2010），以及不同城市环境组合下的太阳辐射分析（Park et al.，2013）。同时，建筑布局和朝向也会影响街道峡谷的气候，包括街道峡谷空间的太阳辐射和遮阳、城市区域和街道层面的风湍流、建筑物的太阳能接入和通风条件（Cheng et al.，2012；Oke，1988）。街道峡谷的高宽比（*H/W*）与特定时期的气温下降率呈负线性关系，而建筑密度有助于调节城市密度和规划风廊，促进城市通风（Oke，1981；Yang et al.，2011）。此外，城市绿化与街道峡谷、公共开放空间、建筑物和街区结合时，可以成为一种降温资源。根据Littlefair等（2000）的研究，城市绿化能够在街道层面提供遮阴，降低地表温度，遮挡风力，隔离负面影响。

（3）高层建筑与垂直绿化

以往的研究充分证明，在建筑设计中嵌入屋顶绿化，可为城市气候变化和生态环境带来多重益处，包括节约能源、减少碳排放、缓解城市热岛效应和噪声问题、加强雨水管理与促进生物多样性（Blackhurst et al.，2010；Givoni，1998；Stovin，2009）。许多国家的建筑规范和法规都在设计指南中推荐屋顶绿化生态系统。德国的《2002年屋顶绿化规划、实施和维护指南》（*FLL-Guideline for the Planning, Execution and Upkeep of Green-Roof Sites 2002*）以详细的章节来说明建筑和材料、技术要求、植被支持和地基保护等关键问题（FLL，2002）。在高密度的东南亚地区，政府制定了高层建筑绿化设计和施工的标准和指南，以促进城市生态多样性（表2.3-5）。新加坡政府是高层绿化的先驱，设立了专门的管理部门高层绿化科，负责政策制定和设计指南的发布。基于《2030年新加坡绿色发展蓝图》（*Singapore Green Plan 2030*，简称《绿色蓝图》）的国家战略，截至2023年5月，新加坡已在不同类型的新建和既有建筑中建造了155hm^{2}的高层立体绿化，包含了广阔的绿色屋顶、种植可食用植物的花园、休闲的屋顶花园和郁郁葱葱的绿墙等（NPARKS，2023）。借鉴新加坡的成功经验，中国香港于2010年在发展局下设立了绿化、景观和树木管理部（GLTM），以推动绿化、园林及树木管理的策略性政策；此外，还在2005年发布了《绿化总体规划》（*Greening Master Plans*），并在政府网站上持续发布建设成效（CEDD，2024）；在2010年发布了在避难层建设屋顶绿化的建筑法规，以便将高层绿化与建筑和基础设施更紧密地结合起来（BAHKSAR，2010）。

亚洲高密度地区具有代表性的高层建筑绿化指南和策略　　表2.3-5

地区	政策	核心要素
新加坡	高层建筑绿化奖励计划	新加坡国家公园管理局（Nparks）推出了"空中绿意津贴计划"（Skyrise Greenenery Incentive Scheme，SGIS）和"打造翠绿都市和空中绿意计划"（Landscaping for Urban Spaces and High-rises，LUSH），为所有类型建筑的屋顶绿化和垂直绿化提供高达50%的安装费用
	国家公园管理局高层建筑绿化奖	因此，由新加坡建设局（BCA）、新加坡景观行业协会（LIAS）和新加坡绿色建筑理事会（SGBC）等组织的"空中绿化奖"，旨在促进和奖励城市发展中的绿化努力
	国际高层建筑绿化大会	自2010年起，国际高层建筑绿化大会（ISGC）正式与景观贸易展合并，由新加坡国家公园管理局（NParks）、新加坡景观行业协会（LIAS）、新加坡景观设计师协会（SILA）和新加坡国际展览集团联合举办
中国香港	高层建筑绿化奖	发展局辖下的绿化、景观和树木管理部举办"2012杰出屋顶绿化大奖"，旨在向业界推广屋顶绿化，使其成为优质园境及建成环境设计元素的重要一环，并鼓励公众欣赏模范的摩天绿化项目，以及推动香港更广泛采用摩天绿化
	康乐及文化事务署的绿化校园津贴计划	康乐及文化事务署已推出绿化校园津贴计划，以鼓励绿化校园、向学生推广绿化文化及培养他们对种植植物的兴趣
	汇丰银行学校屋顶绿化计划	汇丰银行"学校屋顶绿化"计划于2007年推出，以增加学生对绿化屋顶及气候问题的认识，并拨款500万港元，为全港10所选定学校的师生在绿化屋顶上建立户外课室

2.4　绿色空间疗愈效能

2.4.1　自然疗愈

（1）疗愈环境

根据学者Minter（2005）的研究，"疗愈花园"（Healing Garden）有三大功效：①以植物为基础的药物可以治疗身体疾病，缓解精神压力和痛苦；②改善与自然环境相连的感官系统；③作为精神庇护所，充当人与神之间精神媒介的中心场所。疗愈花园、城市公园和开放空间的景观设计与寻找人类与自然积极关系的研究密切相关。特别需要说明的是，"疗愈花园"中"疗愈"的含义指的是缓解压力、舒缓并恢复一个人的心理和情感健康，而不是强调它们可以治愈一个人的概念（Vapaa，2002）。公园绿地的价值不仅仅是为了缓解建筑密集度，而是作为一种工具来定义城市背景，并建立人与自然的联系以满足心理和实际需求

（Imbert，2009）。Kaplan（1995）提出了恢复性环境的四个标准：①远离感，自然环境如高山、湖泊、溪流、森林和草地等自然环境，通常是"远离"的首选目的地或田园诗般的地方；②魅力，大自然的奇妙景观如云彩、雪景、日落、夕阳等，常常使人沉醉其中；③范围，在遥远的荒野，即使是一个相对较小的区域，通过巧妙地设计小径和路径，也能给人以广阔的感觉；④兼容性，自然环境与人类倾向高度兼容。

作为医学和设计视角下的行为科学家，Ulrich教授提出了促进对无威胁自然景观的适应性反应的三种不同方式：选择适应性方法行为、恢复或应激恢复，以及增强高阶认知功能（1993）。一项对自然场景和城市场景中两组人群的压力对比研究的结果显示，观看自然植被景观的受访者对自身积极情绪的评价更高，而城市场景组的负面情绪更强，他们感到更加恼火、焦虑和悲伤（Bratman et al.，2012）。另一项通过心率、皮肤电导、肌肉紧张度和收缩压等不同设置来进行客观压力研究的实验表明，当受试者观看自然景观时，从压力中恢复的速度明显更快，而观看城市景观时则较慢（Lederbogen et al.，2011）。根据在日本进行的关于自然环境对健康或治疗效果的研究发现，那些待在森林中的人的唾液皮质醇浓度[①]、舒张压和脉搏率明显低于待在城市环境中的人（Juyoung et al.，2009）。除了感受自由的好处、逃避现实世界的失望、体验自然的美丽和挑战之外，自然环境还通过让游客在自信中接受世界的好与坏，为他们提供了一种疗愈体验（表2.4-1）。

（2）疗愈感知

物理环境可以通过改变人的感觉来影响情绪，而对环境的情绪反应会影响健康。由于城市化进程的持续推进，世界进入到一个城市环境容易引发人类心理疾病的时代。《韦伯斯特词典》将"疗愈"定义为使（某人或某物）恢复健康的能力。自然界中的辐射、光照、天气状况和季节变化都会影响人类的心理和情绪。自伊丽莎白时代和斯图亚特王朝早期以来，潮湿的气候和浑浊多雾的空气导致了一种被称为"英国病"的忧郁情绪（Coffin，1994）。在法国和意大利的天主教国家，沉思和冥想是在教堂里进行的，而在英国，花园则是冥想、奉献和精神放松的理想场所。研究表明，在斯堪的纳维亚半岛国家，缺乏阳光和高纬度的寒冷气候会导致季节性情感障碍（SAD），从而导致临床抑郁症和自杀率上升（Gifford，2007a）。

在高密度的城市环境中，研究人员迫切希望找到优化和最大化人工环境疗效

[①] 唾液皮质醇浓度是压力反应的一个指标。皮质醇是肾上腺皮质的一种激素，可作为下丘脑神经活动的外周指标。唾液皮质醇水平的升高是受昼夜节律的影响以及生物体环境（即压力源）的干扰所致。

不同环境类型中的疗愈特征　　　　表2.4-1

环境类型	目标人群	疗愈特征
居住环境	所有年龄段	家是人们寻求安全感、放松感和满足感的物质和精神港湾，居住环境中的邻里满意度、生活质量与公共开放空间高度相关
教育环境	儿童和青少年	学习环境中的物理设置机制将优化学习结果和人们的满意度；学校和校园非常需要自然空间来减轻学习和竞争的压力，从小培养强烈的亲环境行为和亲生物人格
工作环境	中青年	与自然的视觉联系、感受自然采光和亲自然的生物行为可以为办公室使用者提供多种心理益处
医疗环境	病人、家属和工作人员	宗教冥想和社会联系；满足工作需要的娱乐空间；健康的生活方式；良好的气味、噪声控制、自然通风和自然采光；观赏和体验自然；艺术、美学和娱乐的刺激
自然环境	所有年龄段，尤其是老年人	从压力和现实中解脱出来的感觉，认知上的自由；通过呼吸新鲜空气，享受阳光和绿色植物给世界带来的精神和身体上的自由；生态系统的联系，意识到我们是自然的一部分，与自然共同成长

的解决方案。这些环境包括为宗教冥想和社会联系设计的特定场所，为员工提供娱乐空间以提高工作满意度，将西医与太极、瑜伽和其他健身活动相结合的健康生活方式，利用芳香空间、噪声控制、自然通风和自然采光来促进治疗，欣赏和体验自然、艺术、美学和娱乐刺激等（Schweitzer et al.，2004）。疗愈效果来自于人脑和免疫系统之间的相互作用。外界压力通过化学神经信号使大脑调整或降低免疫系统对抗疾病的能力（Engineer et al.，2021）。自然空间和公园是支持人类健康和幸福感的理想资源，在促进健康的社会生态方法中发挥着至关重要的作用。研究证实，只要生活、工作和休闲场所周围的城市环境能够方便地利用自然，即使是人们日常生活中不起眼的绿地也能促进人类的健康和幸福感（Kaplan et al.，2011）。由此，不仅要保护和修复城市生态环境，还应鼓励人们与自然界建立联系。

2.4.2　感官感知

环绕在自然生态系统中的"疗愈力量"是促进整体人类幸福感的有益过程。在临床医疗保健研究中，疗愈环境中的多感官刺激可改善心理健康，缓解阿尔茨海默病（Gonzalez et al.，2014）。广泛应用的感官设计已经探讨了人类感官对空间构造的不同响应方式，包括各种建筑、花园和户外空间，以及构建幻想所产生的更具人文关怀的城市建成环境设计（Malnar et al.，2004）。表2.4-2列出了人类在疗愈空间中的感官感知。

疗愈空间中的感官感知 表2.4-2

类别	疗愈分析	描述
与自然的视觉联系	格式塔心理学的知觉和行为研究	视觉系统包括颜色、材料、尺寸、位置、外壳等，有助于优化视觉描述中的结构清晰度和空间理解能力（Malnar et al.，2004）
	视觉偏好和反馈	减轻压力，增强积极的情绪功能，提高注意力和恢复率（Ode et al.，2008；Ulrich，1979）
		放松眼部肌肉，缓解认知疲劳（Kaplan et al.，2011）
听觉感知	声音和记忆	声音是环境的精髓，对地方的预期、体验和记忆至关重要（Pocock，1989）
	声音偏好和反应	在心理压力后，暴露于悦耳的自然声音比暴露于类似分贝的不太悦耳的噪声时，生理恢复速度要快37%（Alvarsson et al.，2010）
	与视觉设计的协同效应	在生病恢复期间观看带有河流声音的自然电影比仅有一种感官知觉具有更积极的效果（Browning et al.，2014）
嗅觉感知	刺激记忆	大脑中的嗅觉系统可以直接处理香味，触发具有特殊特征的强大记忆（Malnar et al.，2004）
	增强免疫力	接触森林中的挥发性有机化合物可对愈合过程和人体免疫功能产生积极影响（Lee et al.，2011）
	芳香疗法	令人愉悦的香味，如柠檬香脂或薰衣草精油的芳香疗法，通过吸入或皮肤涂抹可有效治疗阿尔茨海默病（Burns et al.，2002）
触觉感知	适用范围	触觉感知系统包括温度、疼痛、压力和振动（Gibson，1966）
	用于疗愈的触觉活动	与植物触摸活动相关的治疗性园艺可减少临床抑郁症并具有改善感知注意力的能力（Gonzalez et al.，2014）
		触摸有生命的植物可减轻疼痛、焦虑和疲劳，并在术后产生更积极的感受（Park et al.，2008）
味觉感知	与嗅觉设计的协同作用	味觉通常与嗅觉相结合，作为体验类似现象的另一种方式（Gibson，1966）
	与自然连接的味觉活动	品尝水果和蔬菜是体验自然和了解环境的好方法（Shah et al.，2011）
		风味标志着食品和饮料的特性和成分，在产品消费和身心健康方面发挥着重要作用（Brewer et al.，2013）
热舒适度和场地设置	关系和功能	热舒适度研究的是对自然环境中的生产力和幸福感有影响的气候特征（Rydin et al.，2012）
	研究目标	室外热舒适度参数包括空气温度、相对湿度、风速、热度指数等（Morris et al.，2017）
	物理环境影响	场地几何参数，即高宽比、天空可视因子等，与热舒适度参数高度相关（Jamei et al.，2016）

2.5　文献研究总结

　　根据以往研究的文献综述，确定了研究范围并分析如下。虽然自然环境与各种健康指标之间的联系已经得到了证实，但对于城市开放空间中与健康指标相关的具体场地配置却知之甚少，对于具体场地配置、微气候条件和健康感知之间的中间因果关系缺乏研究。因此，本研究将重点关注以下问题。第一，当代促进健康的"疗愈空间"的定义和研究内容。特定的研究范围和筛选标准应说明在选定的亚洲高密度建成环境背景下的疗愈空间。在设计和评估中，应明确讨论疗愈空间的场地配置细节。第二，以往的研究调查了人口规模和城市密度相对较低的西方国家的健康建成环境，这可能不适用于高密度的亚洲城市。笔者将开展一项比较研究，调查不同人群、气候条件和建成环境之间的健康评价差异。第三，在不同的气候区，特定的场地配置和个人评价之间很少有相互关系的分析。本研究希望调查样本案例中的潜在相关性，并将共性归纳为一般规定。第四，实证研究的结果有助于在相似地区推广和升级传统绿地为疗愈空间。具体来说，它将推广到中国南方地区和东南亚国家气候炎热潮湿、人口众多的城市的设计指南和策略中。

　　根据第2章的文献综述，先前的研究人员已经从跨领域的角度关注了建成环境与人类健康的相关性。许多指南和法规都希望通过设计来提高城市质量。然而，以往对疗愈环境的研究主要集中在医院或医疗保健机构，这些机构的使用者多为有生理或心理障碍的人群。考虑到上述观点，城市绿地如果配置得当，可以具有治疗作用，并升级为促进公众健康的疗愈空间。我们认为，城市绿地具有巨大的治疗潜力和能力，可升级为疗愈空间，提供清新、身体恢复、舒适和灵感的综合感受，以减轻日常生活中的精神压力和疲劳。在此背景下，疗愈空间从最初的以医疗保健领域的病人为对象的疗愈或恢复性花园，转变为城市生活中更广泛的公共领域中的普通绿地。因此，疗愈空间并不神秘或难以应用，而是在现代社会中建立人与自然之间精神连接的一种新方法。

第 3 章

研究方法

3.1 数据选取

3.1.1 研究对象

中国香港和新加坡是两个位于热带及亚热带的亚洲大都会，在城市指数和社会发展方面具有可比性（表3.1-1）。香港位于北纬22°08′~22°35′、东经113°49′~114°31′之间的南中国海，土地面积为1117km²，其中建成区面积仅占25.4%，大约41.5%的土地为未开发的开放空间、自然空间和郊野公园。香港是世界上人口最稠密的地方之一，根据政府统计数据，位于城市核心区域的香港岛人口密度约为15000人/km²，九龙人口密度超过47000人/km²，其形态特征为超紧凑的高层高密度城市。新加坡位于赤道附近，纬度为1°22′，经度为103°48′，土地面积仅为735.2km²，其中建成区面积约占77.6%，大约21.4%的区域为森林和自然保护区。新加坡也是一个建成非常紧凑的城市，根据2023年的统计数据，人口密度高达8058人/km²。从人口密度的差异值可以看出两座城市的人口分布存在显著差异。中国香港由于建成区人口过度集中，城市中心区的人口密度远远高于郊区新市镇；新加坡在传统中心区人口集聚的基础上积极开发新市镇，通过服务配套和公共交通的均衡性配置模式保障城市人口分布较为均质。

中国香港和新加坡的一般人口数据 表3.1-1

类别	中国香港[①]	新加坡[②]
陆地面积（km²）	1117.00	735.20
建成区面积（km²）	283.72	570.52
人口（万人）	734.61	591.76
人口密度（人/km²）	综合：6910 香港岛：14870 九龙：47890 新界及离岛：4260	8058
人均国内生产总值（美元）	50700.00	84500.00

---

① 数据来源：香港特别行政区政府统计处2023年人口和经济数据。

② 数据来源：新加坡统计局2023年人口和经济数据。

中国香港和新加坡作为亚洲经济中心城市，有大量人口因为工作和生活聚集，容易受到高密度建成环境和日常生活压力的不利影响。因此，目标环境类型选定为人们每天工作的场所，即办公环境和校园环境两种类型。根据对工作量和工作强度的一般评价，办公环境仅限于在城市中心或副中心开发的单体建筑或塔楼群；而校园环境则是指拥有综合教学和研究设施的综合性研究型大学。本研究目的是识别影响人体健康感知的建成环境要素，从而提出优化高密度城市健康建成环境的设计策略。

3.1.2　研究案例

本研究共选取了14个案例，其中7个位于中国香港，7个位于新加坡（图3.1-1）。这些案例一部分是经过国际或国家（地区）绿色建筑评级系统（即LEED、BEAM Plus和Green Mark）认证的绿色建筑，从不同方面规定了建筑要有可进入的绿色开放空间和（或）与自然的视觉联系。此外，所有案例都毗邻绿地或开放空间，工作场所的使用者有机会在绿色自然中休息和恢复。这里所包含的潜在疗愈空间包括街心公园、庭院、广场、操场、露台、平台花园、绿色屋顶、绿色中庭和采光井等。

第一类是香港的办公组别，包括位于中西区、湾仔区、东区和油尖旺区四个商业办公案例。第二类是香港的校园组别，包括位于中西区和沙田区的三个科研楼案例。第三类是新加坡的办公组别，包括位于城市中部地区、西部地区、北部地区的四个商业办公案例。第四类是新加坡的校园组别，包括位于城市中心大学园区的三个科研楼案例。值得注意的是，有2个案例同时获得了LEED和BEAM Plus认证，2个案例获得了BEAM Plus认证，5个案例获得了新加坡建设局（BCA）绿色建筑标志认证（表3.1-2）。这些绿色建筑在设计、施工、运营和管理的整个生命周期中，在可持续场地、室内环境质量和能源效率方面，都体现了对健康和幸福感的重视。

3.1.3　数据收集

案例调研分别在中国香港和新加坡进行，包括现场测量、实地观察、自填问卷调查以及结构式访谈。在每次正式现场调查前至少两周，笔者都会提前向目标机构发出邀请函，征得其对现场测量、问卷调查和访谈的许可。获得许可后，笔者便可与联系人预约，在约定的时间和地点实施调查。

案例调研过程一般包括三个部分。首先，笔者前往目标地点，将印好的问卷交给联络人。为了减少在工作时间对受访者的干扰，联络人可以帮助将问卷分发给在目标案例工作的受访者。自填问卷的处理通常需要两周时间。一旦联络人发

图3.1-1　研究案例及开放空间示意

中国香港和新加坡选定案例的一般建筑特征　　表3.1-2

类别		编号	年份	地点	绿色建筑标识	建筑类别	通风模式
中国香港	办公组别	办公楼1	2003	中西区	LEED O+M 金奖2003 2011年 BEAM Plus 既有建筑白金奖	建筑综合体	空调
		办公楼2	2008	东区	BEAM Plus 新建建筑 V1.2白金奖	建筑综合体	空调
		办公楼3	1982	油尖旺区	无	建筑综合体	空调
		办公楼4	1975	湾仔区	无	单体建筑	空调
	校园组别	科研楼1	1974	中西区	无	单体建筑	空调
		科研楼2	2012		2013年 LEED BD+C 白金奖 2013年 BEAM Plus 新建建筑白金奖	建筑综合体	空调
		科研楼3	2012	沙田区	BEAM Plus 新建建筑 V1.1 金奖	单体建筑	混合通风
新加坡	办公组别	办公楼5	2007	中部地区	无	单体建筑	混合通风
		办公楼6	2000	中部地区	无	建筑综合体	空调
		办公楼7	2010	北部地区	Green Mark铂金奖2009	建筑综合体	混合通风
		办公楼8	2013	西部地区	Green Mark铂金奖2012	建筑综合体	混合通风
	校园组别	科研楼4	1977	中部地区	无	建筑综合体	混合通风
		科研楼5	2012	中部地区	Green Mark铂金奖2013	单体建筑	混合通风
		科研楼6	2011	中部地区	Green Mark铂金奖2010	单体建筑	混合通风

出通知，笔者就会去领取填好的问卷包。其次，笔者在目标地点进行现场测量，用测量设备记录微气候指标和场地几何参数。与此同时，笔者会使用事先打印好的检查表进行实地观察，其中包括土地利用和开发、空间要素类别、管理和维护，以及美学和特征等项目。最后是访谈和讨论。根据收集到的问卷反馈，调查员按要求与每个案例的代表（如果有时间）进行约谈。面谈时间确定后，研究人员将根据事先打印好的结构式访谈提纲与代表进行讨论。

本研究在中国香港和新加坡共调研了14个案例，并从自愿参与的受访者中收集了413份填写完整的有效问卷。其中，中国香港有203名受访者，新加坡有210名受访者。此外，还与受访者代表进行了22次访谈，其中10次在中国香港进行，12次在新加坡进行。定量数据使用IBM SPSS 23.0版进行处理和分析，以建立统计模型；定性数据则通过分类和评估进行相应的解释和分析。

3.2　调研方案

本研究中，对中国香港和新加坡的选定案例进行了客观调查和主观评价相结合的综合研究方法，这种混合方法已被证明更适用于社会和健康科学中的交叉学科研究。办公组和校园组的疗愈空间评价主要基于现场测量和自填问卷调查的定量研究方法，旨在通过统计方式检验不同建成环境中疗愈感知的评价差异。此外，采用了实地观察和结构式访谈作为补充材料，以解释定量研究可能未能确定或讨论的问题。这种综合研究方法结合了定量和定性方法中的数据收集、分析和混合，以全面理解和证实不同视角的结果。研究设计分为两部分：A部分是建成环境调查，包括实地观察和现场测量；B部分是健康感知调查，包括自填问卷调查和结构式访谈，主要研究目标是调查热带和亚热带亚洲背景下健康感知与建成环境之间的相关性和因果关系（表3.2-1）。

调研方案框架　　　　　　　　　　表3.2-1

A部分：建成环境调查		
客观环境评价	实地观察	A-1土地利用和开发（CFAD，2010；ULI et al.，2013）
		A-2空间要素类别（Brownson et al.，2009；Ewing et al.，2013；Pikora et al.，2002）
		A-3管理和维护（Bedimo-Rung，2007；Broomhall et al.，2004；Sallis，2009）
		A-4美学和特征（Browning et al.，2014；Malnar et al.，2004）
	现场测量	A-5微气候指标（Luo et al.，2015；Yang et al.，2013）
		A-6场地几何参数（Ho et al.，2014；Jiang et al.，2014；Oke，1988；Shi et al.，2014；Yang，2009）
B部分：健康感知调查		
健康感知调查	自填问卷调查	B-1人口统计信息（Lottrup et al.，2013）
		B-2受访者态度（Ries et al.，2009；Sugiyama et al.，2007；Wong et al.，2010）
		B-3受访者偏好（McCormack et al.，2004）
		B-4感官评价与疗愈感知（Alvarsson et al.，2010；Browning et al.，2014；Schweitzer et al.，2004）
	结构式访谈	B-5详细人口统计信息（Thomsen et al.，2011）
		B-6总体评价（Hitchings，2013；USGBC，2014）
		B-7室外健康活动（IPAQ，2002）
		B-8室内健康感知（Chang et al.，2005；Heschong et al.，2003）

3.2.1　建成环境调查

（1）实地观察

实地观察是一种调查建成环境绿色开放空间要素配置环境质量的方法，有多种工具可以系统地记录对建成环境与受访者之间互动的直接观察。实地观察的环境质量指标与以下研究相关：有利于积极生活的健康城市开放空间（Bedimo-Rung et al.，2006；Broomhall et al.，2004；CFAD，2010）、步行街和社区（Ewing et al.，2009；UWA，2002）、健康工作场所环境（NHWP，2013；NWHP，2001）以及绿色健康建筑法规（USGBC，2012，2013）。本研究的实地观察包括4个方面：A-1土地利用和开发、A-2空间要素类别、A-3管理和维护、A-4美学和特征。A-1土地利用和开发为所选案例的整体开发奠定了基础，特别是建筑类型、开发密度、分区和位置，以及对外交通和与附近街区的联系。A-2空间要素类别是指工作场所附近的环境，包括放松和恢复的疗愈环境，具体包括自然要素和空间特征，即郁郁葱葱的绿色植物、树冠和动植物多样性等；主要设施，即可用的厕所、小卖部、亭子、长凳、遮蔽物等；支持体育活动的运动和体育设施；支持受访者单独或与朋友一起活动的服务设施；娱乐项目，即展览、遗产、装置、艺术表演等，为灵感和疗愈提供愉悦的氛围。A-3管理和维护是营造疗愈环境不可或缺的条件，因为绿地和设施的清洁、安全和定期场地维护是必不可少的。A-4美学和特征侧重于以感官为导向的修复性能，包括规模和设计风格，以及感官特征和图案（表3.2-2）。

实地观察框架 表3.2-2

观察要素	内容描述
A-1土地利用和开发	
建筑类型	建筑形态、功能类型
开发密度	楼层、建筑面积和容积率
分区和位置	市中心、郊区或乡村
连接和动线	人行道、天桥、自动扶梯、地下通道等与附近的公共开放空间相连
A-2空间要素类别	
自然要素和空间特征	郁郁葱葱的树冠和树木、丰富多彩的动植物多样性
主要设施	可用的厕所、小卖部、亭子、长椅、遮蔽物等
运动和体育设施	小径、人行道、健身器材、篮球场、小型游乐场等
服务设施	餐厅、咖啡厅、美食广场等

观察要素	内容描述
娱乐项目	展览、遗产、装置、艺术表演等
A-3管理和维护	
清洁	场所环境整洁，没有垃圾
安全	安保、照明、闭路电视等设施齐全
场地维护	植物、设施维护状况良好
A-4美学和特征	
规模和设计风格	场地面积、场地特征
感官特征和图案	感官体验与要素形态

（2）现场测量

现场测量包括两个方面：A-5微气候指标和A-6场地几何参数。根据亚洲热带和亚热带的气候特征，在中国香港和新加坡进行的现场测量时间为2015年4～9月。A-5微气候指标是指空气温度（TA）、相对湿度（RH）、风速（WV）和热度指数（HI），这些指标反映了空间使用者实时感受到的热舒适度。测量采用Kestrel 4000便携式天气跟踪仪（图3.2-1），自动记录频率为每分钟一次。现场测量框架和设备规格参数见表3.2-3、表3.2-4。

A-6场地几何参数研究了影响微气候状况的几何空间参数。具体而言，空间封闭性指标和树木覆盖密度是影响个人环境偏好（Shi et al.，2014）和自评压力恢复（Jiang et al.，2014）的重要空间特征。与场地几何参数相关的指标包括总体

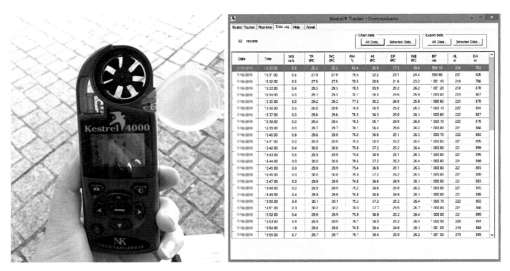

图3.2-1　Kestrel 4000便携式天气跟踪仪和样本数据

现场测量框架　　　　　　　　　　　表3.2-3

序号	主题	指标	单位	测量方法
A-5	微气候指标测量	空气温度（TA）	℃	Kestrel 4000便携式天气跟踪仪
		相对湿度（RH）	%	
		风速（WV）	m/s	
		热度指数（HI）	℃	
A-6	场地几何参数测度	总体场地系数（TSF）	%	配备FC-E8尼康鱼眼转换器的尼康Coolpix 4500相机和由WinsCANOPY 2014软件处理的数据
		天空可视因子（SVF）	%	
		树冠可视因子（TVF）	%	
		主导遮阳方位（MSO）	—	综合方法测量
		高宽比（H/W）	—	
		绿地容积率（GnPR）	—	
		开放空间面积	m²	
		空间海拔位置（ASL）	—	

使用设备参数　　　　　　　　　　　表3.2-4

设备	参数	精度	工作范围
Kestrel 4000便携式天气跟踪仪	空气温度（TA）	±1℃	−29 ~ 70℃
	相对湿度（RH）	±3%	5% ~ 95%
	风速（WV）	±3%	0.2 ~ 40m/s
	热度指数（HI）	±3℃	−29 ~ 70℃

场地系数（TSF）、天空可视因子（SVF）、树冠可视因子（TVF）、高宽比（H/W）、主导遮阳方位（MSO）、空间位置（ASL）和绿地容积率（GnPR）。SVF、TVF和TSF参数由WinSCANOPY 2014软件分析的天空视图图像得出（图3.2-2）。H/W、MSO、GnPR和ASL数据是通过实地勘测信息和谷歌地图专业版（Google Earth Pro）计算得出的。

3.2.2　健康感知调查

（1）自填问卷调查

以往的研究表明，调查或自评的感知可能比客观测量更有效，因为研究成果主要来自个人感知的自评数据（Gebel et al.，2007；McCormack et al.，2004）。根据社会研究的原则，自填问卷调查被认为是从大量人口中抽样测量态度和偏好的最佳方法（Babbie，2010）。由于回复率可能与问卷长度呈负相关（Biner

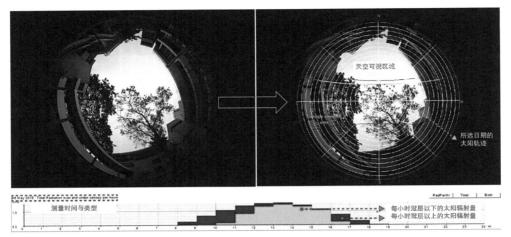

图3.2-2 天空视图图像样本和WinsCANOPY分析流程

et al.，1994），因此选择尽可能精练且能测量研究关键因素的问卷非常重要（Brownson et al.，2009）。笔者制作了一份两页A4纸大小的自填问卷，用于工作场所调查，以探究人们对绿地在日常生活中疗愈效果的评价。问卷调查项目及相关研究计划书已获得香港大学非临床学院人类研究伦理委员会的研究伦理批核（编号：EA250314）。数据收集过程包括在目标工作场所亲自递送和收集问卷，因为亲自递送比邮寄或互联网调查的回复率要高得多。问卷附有一封附信，开头附有知情同意书，解释了调查的目的、内容和主要目标。

问卷包括四个方面：B-1人口统计信息、B-2受访者态度、B-3受访者偏好、B-4感官评价与疗愈感知。对相关指标进行分组，以评估目标案例中环境质量与健康感知之间的相关性。人口统计信息采用名义量表测量，而个人感受变量则采用李克特5分量表测量，从1分（非常不同意）到5分（非常同意）不等，得分越高表示对项目重要性的感知程度越高。受访者偏好通过勾选列表和描述进行报告（表3.2-5）。

B-1人口统计信息记录了从目标案例中随机抽取的受访者的主要社会经济背景。本部分的基本思路是探讨人口统计学特征与可比组别（如香港科研楼、香港办公楼、新加坡科研楼、新加坡办公楼）不同认知之间的关系。除了提供年龄、性别、受教育程度等基本数据外，受访者还需在调查开始时报告自评健康状况，从1（非常不健康）到5（非常健康）不等。该指标调查受访者感知到的压力水平（Brownson et al.，2009），作为主观幸福感与个人感受和满意度的基线（Angner，2010；Diener et al.，1997）。另一个指标是评估工作台与室外绿地是否有可视联系（Chang et al.，2005），分为三个等级：①工作台与室外绿地没有可视联系；②工作台与室外绿地有可视联系；③工作台不确定导致的动态情况。还有一个指标是询问受访者是否在有绿色认证的建筑工作。

自填问卷调查的内容　　　　　　　　表3.2-5

序号	研究要点	指标	主要内容
B-1	人口统计信息	年龄	个人资料的基本背景
		性别	
		受教育程度	
		自评健康状况	
		与自然的视觉联系	
		是否在有绿色认证的建筑工作	
B-2	受访者态度	总体评价	受访者对工作场所附近城市绿地的态度
		到访频率	
		停留时间	
		生理感受	
		心理感受	
B-3	受访者偏好	时间偏好	影响个人决策的喜好
		空间偏好	
		环境要素偏好	
		游览的关注要点	
		活动偏好	
B-4	感官评价与疗愈感知	视觉感知	感官评价
		景观美学	
		听觉感知	
		嗅觉感知	
		触觉感知	
		味觉感知	
		热舒适度	
		冥想和放松	
		疗愈效果	总体疗愈评价
		疗愈需求	

　　B-2受访者态度旨在调查受访者对工作场所周边开放绿地的总体感受。受访者对城市开放绿地的总体评价从1（非常不喜欢）到5（非常喜欢）不等，这与使用模式和偏好有关（Mayer et al.，2004）。其他项目讨论了使用模式，包括到访频率（从每年一次或更少，到每周一次以上）和每次到访的停留时间（从几分钟到两个多小时）。此外，还对绿色空间中的生理感受和心理感受进行了测试

（Cutchin，2000），以评估工作场所周围整个开放式绿色环境的疗愈效果。

B-3受访者偏好调查了时间偏好、空间和环境要素偏好、游览的关注要点以及活动偏好等细节。以往研究发现，室外绿地和室内观赏植物的特点在缓解压力和焦虑（Chang et al.，2005）、促进积极的工作态度（Creswell，2009）和提高总体幸福感（Gonzalez et al.，2009）方面发挥了积极作用。首先，绿地到访的时间安排应反映工作属性和强度。其次，空间偏好调查选择了最常见的室外绿地，即森林/树冠、花坛/花径、草坪、水边等；环境要素偏好调查列出了经常使用的自然和人工元素，如植物、水、雕塑/凉棚、长凳/椅子等。再次，受访者还被问及平日游览邻近开放绿地的关注要点，包括时间/日程安排、天气状况、场地设施和项目、场地管理和可达性等。最后一项是关于活动偏好的调查，包括茶歇/午餐/茶点、与朋友/同事闲逛、做体育锻炼、路过及其他活动。最后两个项目旨在探讨不同群体对户外参观的不同看法和分歧。

B-4感官评价与疗愈感知旨在探索感官评价对健康促进的评价。首先，它调查了相关指标，包括与自然的视觉联系、景观美学、听觉感知、嗅觉感知、触觉感知、味觉感知以及热舒适度。它总结了疗愈环境研究中的感官指标，这些研究产生了自然的"疗愈力量"，并从最初的医疗环境转变为医疗保健中的病人护理环境（Hartig et al.，2006b；Marcus et al.，1999），还转变为通过提供生理、心理和精神疗愈使所有受访者受益的疗愈景观（Gesler，2005）。笔者与受访者讨论了治疗环境中的冥想和放松功能，以收集他们对疗愈环境的反馈意见（Lea，2008；Marcus et al.，1999）。其次，从受访者的反馈中调查总体疗愈效果和疗愈需求。受访者被问及绿色环境作为疗愈空间的质量和性能，以及他们工作场所的日常疗愈需求，采用李克特5分量表，从1（非常不同意）到5（非常同意）不等。

（2）结构式访谈

为了深入调查受访者对疗愈空间的要求和评价，在自填问卷调查数据收集后，笔者邀请了部分代表参加结构式访谈。与其他调查工具相比，结构式访谈的优势在于受访者可以非常准确地详细表达他们的愿景和意见，而不是根据模式化的选项向更多受访者提出固定的调查问题（Curtis et al.，2007）。笔者以书面形式邀请潜在受访者参加讨论会议，详细解释研究内容，并要求他们以书面形式（通过电子邮件）同意参加讨论。根据这些受访者是否参与，笔者与受访者进行了一对一的谈话，这取决于不同的视角和背景。在整个数据收集过程中，受访者的反馈意见都以备忘录的形式被记录下来，并在访谈结束后进行分析。访谈信息将通过概念化编码将原始数据转化为标准化的形式和类别（Babbie，2010）。

结构式访谈有四个讨论部分：①B-5详细人口统计信息，调查受访者的详细状况；②B-6总体评价，旨在发现在某些情况下受访者对建成环境特定功能的一般情感；③B-7室外健康活动，探索选定的建成环境特征对促进健康活动的反馈；④B-8室内健康感知，探讨通风偏好和自然联系方面的健康感知。最后，还有一个开放式问题，询问受访者对未来改善工作场所周围环境的期望（表3.2-6）。

结构式访谈内容 表3.2-6

序号	研究要点	重点问题
B-5	详细人口统计信息	性别、年龄、受教育程度
		职业
		办公室地点、办公室类型和办公年份
B-6	总体评价	对工作场所环境总体评价
		特别喜欢或不喜欢的特点
		物理环境对健康状况的影响
B-7	室外健康活动	参观工作场所周围的绿地
		为促进健康而对日常生活中的绿地进行评估
B-8	室内健康感知	对空调封闭环境和半自然通风空间的偏好
		两类空间的感知差异
		受访者对环境改善的期望

3.3 分析策略

在本研究中，数据收集和分析方法采用定量和定性混合的方式，分为两个阶段。第一阶段以定量方式收集和分析数据，优先解决主要研究问题。在数据收集和分析的基础上，在第二阶段开展定性分析，重点对第一阶段定量分析的结果进行深入解释。最后，说明定性结果如何帮助解释最初的定量分析（图3.3-1）。

3.3.1 定量分析

在第一阶段，通过现场测量和自填问卷调查收集数据，研究微气候指标与场地几何参数之间的相关模式。首先，分别对中国香港和新加坡的微气候指标平均值和场地几何参数进行了统计描述。同时，从受访者态度、受访者偏好、感官评价和疗愈感知等方面统计了自填问卷的数据。其次，通过T检验[①]和单因素方差

[①] 即T-test，是一种适合小样本的统计分析方法，通过比较不同数据的均值，研究两组数据是否存在显著差异。

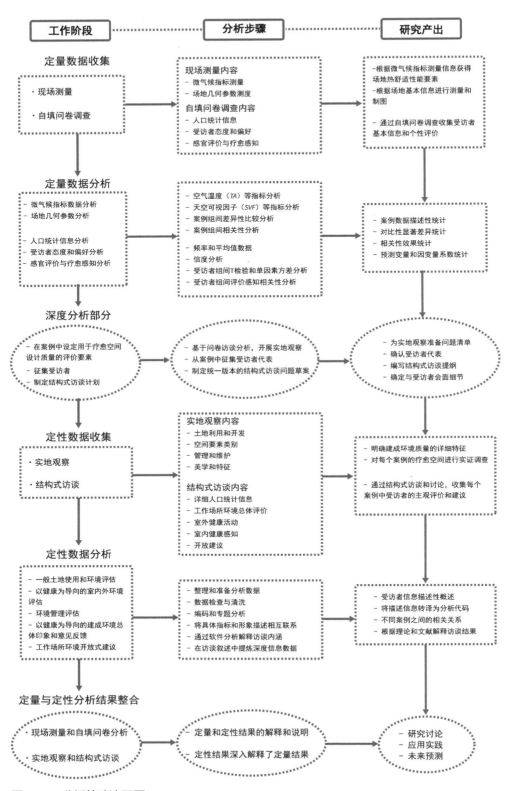

图3.3-1　分析策略流程图

分析来验证可比组之间在健康感知方面的显著差异，即人口统计信息和建成环境特征。由于中国香港和新加坡的气候特征不同，微气候条件的原始数据之间没有直接的比较分析。接下来，笔者采用了高级相关分析来研究场地配置和微气候变量之间的潜在相互关系，以及健康感知变量之间的相关关系。最后，进行了联合分析，以检验客观建成环境与个人主观评价之间的相互关系。

在完成第一阶段的程序后，定量数据和结果成为对假设问题的总体解释。由于每个项目的细节都需要通过进一步的具体调查来深入解释，因此在第二阶段进行了定性分析，对之前定量分析的统计结果进行了完善和解释。

3.3.2 定性分析

在第二阶段，笔者进行了详细的实地观察和结构式访谈，以评估客观的物理建筑质量和个人对健康感知的主观评价。除了事先印制的环境质量指标核对表外，笔者还观察了受访者与现场在不同时间和天气条件下的互动。访谈和讨论以一对一、面对面的形式进行，所有受访者均为各案例的当前使用者，他们对综合环境非常熟悉。访谈内容包括对所选工作场所环境的总体评价、对各场所健康设计特点的描述以及对工作环境中绿地功能的评价。最后是每个利益相关者提出的开放式建议，旨在提高每个工作场所的建成环境质量，促进健康和幸福感。将定性分析中收集的数据通过编码、主题分析、各指标之间的相互关系和描述性特征进行了处理。研究结果对描述中的含义进行了解释，并以总结性叙述的方式对高级数据进行了表述，这有助于解释定量分析的重要发现。第4章和第5章介绍了定量分析和定性分析的统计描述数据；第6章和第7章介绍了定量分析的结果；第8章介绍了定量与定性分析结果整合和实际实施情况。

第 4 章

中国香港案例

4.1 香港概况

香港位于北纬22°附近，受凉爽的东北季风和温暖的海洋气流影响，呈现典型的亚热带气候特征。根据香港天文台长期的天气记录[①]，1月和2月是寒冷的季节，偶尔有冷锋带来干燥的偏北风；3～5月气温总体温和，但湿度很高；6～9月炎热潮湿，偶尔有阵雨和雷暴；7～9月是香港最可能受到热带气旋影响的月份；10～12月是香港最宜人的季节，有凉爽的微风、充足的阳光和舒适的气温。

香港作为亚洲大都会城市之一，高楼林立，人口密集，建成区空间严重拥挤，人口不断增加，可建设用地缺乏，土地利用强度加剧，与郊区广阔的自然绿地和野生动物栖息地构成了鲜明对比（Lau et al., 2003）。自1997年起，香港特别行政区启动了"可持续紧凑"和"高密度发展"的系列研究。在2007年发布《香港2030：规划远景与策略》的研究基础上，政府在2021年发布了《香港2030+：跨越2030年的规划远景与策略》（简称《香港2030+》），旨在更新全港空间发展策略，不仅包括香港未来的规划、土地及基建发展，也为塑造跨越2030年的都市和自然环境提出策略性空间规划框架[②]。《香港2030+》的目标愿景是使香港继续成为一个宜居、具有竞争力和可持续发展的亚洲国际都会，让市民生活更美好，并为世界级粤港澳大湾区作出贡献（香港发展局等，2021）。为实现该规划目标，政府提出了两大核心策略方针（表4.1-1）。

香港通过建设密度极高的城市形态成功地保护了自然景观，并建立了完善的自然步道网络与市区广泛相连。基于独特的地形，香港在城市郊区拥有大量"自然"和"城市边缘"类型的景观，但在城市建成区却很少有绿色景观。大多数香港居民生活在绿地极少或没有绿地的城市环境中。根据上位规划评估，到2048年，香港将总共面临约2600～3000hm²的土地资源缺口，城市中的绿色开放空间极其有限，其宜居环境品质提升面临巨大挑战。在新版《香港规划标准与准则》中，"规划绿化城市"的愿景是为香港缔造更宜居的生活环境。然而，香港的高层建筑绿化仍处在不断提升阶段，在紧凑的城区内仍有约20%的最低潜力可以开发（天台或平台花园），长期目标是可覆盖50%的楼顶平台面积（Tian et al., 2012）。

---

① 数据来源：香港天文台。

② 数据来源：香港特别行政区政府规划署。

《香港2030+》宜居与可持续城市发展策略方针　　表4.1-1

要素	策略方针
提升集约高密度城市的宜居度	①健康活力城市：优化空间规划设计以改善都市微气候；通过城市设计鼓励活力、健康和低碳的生活方式；旧区更新改造；优化土地利用以应对医疗和老龄化需求
	②蓝绿资源城市：加强城市绿化，提升健康与幸福感；活化水体，重塑蓝绿基础设施
	③关怀互助城市：促进鼓励育儿的友善环境；塑造互助环境并提升空间以让青年发展；促进长者友善的环境以推广"积极乐颐年"和"居家安老"
	④平等共融城市：改善住房条件，满足功能需求；平衡居住与工作，并提供生活设施保障；提升公共领域公用设施的通用性、包容性设计
	⑤独特多元城市：提升维多利亚港滨海区域自然与人文环境；促进"城—乡—郊—野"融合；保护城市特征与文化遗产独特性
创造可持续发展能力	①创造发展容量：提供多管齐下的土地供应政策，保障香港的宜居和发展机遇；基础设施建设既考虑现实需求，也为未来留足发展空间
	②绿色低碳环境：将气候变化、生物多样性和其他环境因素纳入规划和发展进程，促进环境的可持续发展；积极管理特定具有高生态价值的地区，减少对生态敏感地区或珍贵蓝绿资源的影响
	③韧性基础设施：提倡公共交通导向发展、紧凑开发的小区以减少机动行程、鼓励环保出行；城市基础设施集约建设，鼓励中水、雨水利用及废物资源回用；提高生态岸线的排水与防洪能力

4.2　案例简介

4.2.1　办公组的实地观察

（1）办公楼1

办公楼1是中西区最具代表性的商业综合体建筑，自2003年建成以来，成为这座亚洲国际都会的形象代表。办公楼1包括两座办公大楼、零售和娱乐中心、四季酒店以及空中花园和露台。办公楼1在2013年获得LEED O+M金奖认证，在公共交通、可持续场地组织和室内环境质量方面成为商业设计的典范。办公楼1的空间设计亮点是位于购物中心屋顶的大型空中花园，花园免费向公众开放，里面有郁郁葱葱的植物、水景图案和奇妙的艺术装置。此外，露台上还设有餐厅、咖啡厅和露天酒吧，供办公楼的员工在工作之余小憩（图4.2-1、表4.2-1）。

图4.2-1　办公楼1的室内外空间环境

<h3 style="text-align:center">办公楼1实地观察的详细数据</h3>

表4.2-1

类型	描述
A-1土地利用和开发	
建筑类型	商业综合体、办公楼、零售店、酒店和服务式公寓
开发密度	88层，412.0m，建筑面积181310m^2
分区和位置	香港中西区的城市商务核心
连接和动线	位于三个地铁站交会处，有人行道、天桥、自动扶梯、地下通道连接各岛轮渡站
A-2空间要素类别	
自然要素和空间特征	大型平台花园、乔木、修剪的灌木、水景
主要设施	凉亭、长凳、遮蔽物等
服务设施	餐厅、咖啡厅、露台上的户外酒吧等
运动和体育设施	小径、小型露天广场
娱乐项目	户外展览、艺术表演、喷泉等
A-3管理和维护	
清洁	场地整洁，没有垃圾
安全	安保、照明、闭路电视等设施齐全
场地维护	植物、设施维护状况良好
A-4美学和特征	
规模和设计风格	14000m^2，现代设计，屋顶绿意盎然
感官特征和图案	多种植物、水景图案、多彩艺术装置

（2）办公楼2

办公楼2位于东区寸土寸金的写字楼地段，占地约5.6hm²，建筑面积约55万m²，于2008年建成，高达300m，堪称该区的标志性建筑。办公楼2由知名地产公司开发，是一个复合商业综合体，由十余栋互相连接的办公大楼组成。裙楼空间设有可提供空调的行人通道，连接地铁及公共设施。该商业综合体内分布着露天广场和小花园，是办公人员午休的理想场所。这栋由知名建筑公司设计的甲级写字楼，凭借领先的设计和节能表现，被评为BEAM Plus铂金奖的代表（图4.2-2、表4.2-2）。

图4.2-2 办公楼2的室内外空间环境

办公楼2实地观察的详细数据　　　　　　　　　　　表4.2-2

类型	描述
A-1土地利用和开发	
建筑类型	拥有甲级办公楼塔楼的商业综合体枢纽
开发密度	占地5.6hm²，建筑面积55万m²
分区和位置	香港东区商业CBD
连接和动线	一个地铁站枢纽，人行道连接十座办公楼的天桥和自动扶梯等
A-2空间要素类别	
自然要素和空间特征	公共广场和小花园、乔木、修剪的灌木、水景、雕塑
主要设施	户外长椅、遮蔽物、照明设施等
服务设施	街头餐馆、咖啡馆、商店、超市等

续表

类型	描述
运动和体育设施	小径、小型露天广场
娱乐项目	户外展览、现场音乐会、艺术表演、喷泉等
A-3管理和维护	
清洁	场地整洁，没有垃圾
安全	安保、照明、闭路电视等设施齐全
场地维护	植物、设施维护状况良好
A-4美学和特征	
规模和设计风格	9000m² 室外绿地，现代设计
感官特征和图案	多种植物、水景图案、多彩艺术装置、现场音乐表演

（3）办公楼3

办公楼3位于油尖旺区，建于1982年，是维多利亚港沿岸的传统核心商圈。办公楼3包括写字楼、零售商店、服务式公寓、酒店及会所等优质商业设施。办公楼3是一座双子塔式办公大楼，共有18层，典型楼面面积约为1700m²。虽然办公楼3内部没有公共绿地分布，但其周围有一个占地13.3hm²的城市公园，宛如九龙半岛的"中央公园"。此外，一条沿海走廊从码头延伸出来，为使用者提供了休闲空间和设施（图4.2-3、表4.2-3）。

图4.2-3　办公楼3的室内外空间环境

办公楼3实地观察的详细数据 表4.2-3

类型	描述
A-1土地利用和开发	
建筑类型	商业综合体中的甲级办公楼塔楼，内设零售店、商店、服务式公寓、酒店和俱乐部
开发密度	18层，50m高，建筑面积23400m^2
分区和位置	油尖旺区广东道商业核心区
连接和动线	附近有一个地铁站，天桥连接建筑物和城市公园及海岸广场，有通往轮渡站的人行道等
A-2空间要素类别	
自然要素和空间特征	占地13.3hm^{2}的九龙公园，内有大乔木、修剪的灌木、水景和雕塑；3500m^{2}的海滨广场
主要设施	户外长椅、遮蔽物、灯光、小卖部等
服务设施	餐厅、咖啡厅、商店、艺术博物馆等
运动和体育设施	小径、大型露天广场
娱乐项目	户外展览、现场音乐会、艺术表演、喷泉等
A-3管理和维护	
清洁	场地整洁，没有垃圾
安全	安保、照明、闭路电视等设施齐全
场地维护	植物、设施维护状况良好
A-4美学和特征	
规模和设计风格	现代设计的城市公园，带有观光广场的海岸走廊
感官特征和图案	郁郁葱葱的绿色植物、水景图案、遮阳顶棚、植物园

（4）办公楼4

办公楼4位于湾仔区告士打道的传统历史街区。自20世纪30年代以来，告士打道随着填海造地而发展，不断延伸的海岸线展现了湾仔的历史变迁。与其他片区相比，湾仔区并不是一个充斥着办公大楼和购物中心的纯粹商业区，而是一个充满活力和多样性的文化艺术混合街区。办公楼4建于1975年，是香港最早的高层建筑之一。这座办公大楼是一座单体建筑，共有28层，楼面出租面积仅316m^2。由于设计古早，楼内没有露天花园平台。周边高密度的建筑和交通中保留了两个小型社区开放空间，作为社区体育中心，内设儿童游乐场、篮球场和足球场。告士打道附近还有另一个公共广场，有树木和喷泉为附近的游客和办公人员提供了休息场所（图4.2-4、表4.2-4）。

图4.2-4　办公楼4的室内外空间环境

办公楼4实地观察的详细数据　　　　表4.2-4

类型	描述
A-1土地利用和开发	
建筑类型	单体商业办公楼
开发密度	28层，84m高，楼面面积316m²，总建筑面积8844m²
分区和位置	湾仔区告士打道的城市商业区
连接和动线	附近有一个地铁站，人行道与公共操场和街道广场相连，天桥和自动扶梯连接公共交通服务设施
A-2空间要素类别	
自然要素和空间特征	街道广场和公共操场、乔木、修剪的灌木、水景、雕塑
主要设施	户外长椅、遮蔽物、照明设施等
服务设施	街头餐馆、咖啡馆、商店、超市等
运动和体育设施	篮球场、足球场、儿童游乐场、露天广场
娱乐项目	户外游戏、公共活动、水景图案等
A-3管理和维护	
清洁	场地整洁，没有垃圾
安全	安保、照明、闭路电视等设施齐全
场地维护	植物、设施维护状况良好
A-4美学和特征	
规模和设计风格	10000m²的室外游乐场和街道广场，现代设计
感官特征和图案	多种植物、水景图案、多彩操场

4.2.2　校园组的实地观察

（1）科研楼1

科研楼1是中西区大学校园的一栋重要建筑物，建于1974年，由知名建筑事务所设计。它是一座教学和行政大楼，地上11层，地下2层。建筑外墙采用双层外墙系统，有助于促进采光和与室外绿色环境的视觉联系。由于大学位于香港岛的半山位置，校园地形复杂多样，各建筑之间的交通主要依靠电梯和自动扶梯。科研楼1位于主校区的几何中心，西出口和南出口的高度相差6m。两个出口之间有两个相邻的空地相连。孙逸仙广场是西出口旁一个舒适的广场，是校园常规活动的热点场所。另一个热点场所是百合池，绿树成荫、荷叶连连，成为师生们最喜欢的校园开放空间（图4.2-5、表4.2-5）。

图4.2-5　科研楼1的室内外空间环境

科研楼1实地观察的详细数据　　　　　　　　　　表4.2-5

类型	描述
A-1土地利用和开发	
建筑类型	教学行政楼

续表

类型	描述
开发密度	11层，高42m，典型楼面面积2003m^2，建筑面积26500m^2
分区和位置	香港中西区大学校园
连接和动线	毗邻一个地铁站，天桥、电梯和自动扶梯连接公共交通服务
A-2空间要素类别	
自然要素和空间特征	公共广场和百合池，种植树木等植物，布置水景和雕塑
主要设施	户外长椅、海滨平台、遮蔽物、照明设施等
服务设施	餐厅、咖啡馆、商店、小卖部等
运动和体育设施	小径、露天广场、绿地
娱乐项目	现场表演、公共活动、水景图案等
A-3管理和维护	
清洁	场地整洁，没有垃圾
安全	安保、照明、闭路电视等设施齐全
场地维护	植物、设施维护状况良好
A-4美学和特征	
规模和设计风格	4000m^{2}室外绿地，自然有机风格
感官特征和图案	大树和盆栽、水景图案、多彩的视觉传达设计等

（2）科研楼2

科研楼2位于中西区大学校园西侧，于2012年9月正式启用。由于中西区土地资源有限，科研楼2成为校园扩建的有力展示窗口，提供一个建筑与自然空间平衡的环境。在全球可持续发展的浪潮下，科研楼2凭借在新建工程和大型翻新工程中的卓越表现，荣获美国LEED和香港BEAM Plus的最高铂金级认证。科研楼2包含3座教学大楼，共享一个平台和三层地库。通过将蓄水池迁移到地下、空中花园和围合庭院，一系列独特的景观空间和自然保护环境被巧妙地融入科研楼2的建筑综合体中（图4.2-6、表4.2-6）。

科研楼2实地观察的详细数据　　　　　　表4.2-6

类型	描述
A-1土地利用和开发	
建筑类型	教学综合楼
开发密度	主体11层，150～154m，建筑面积85000m^2
分区和位置	香港中西区大学校园

续表

类型	描述
连接和动线	毗邻一个地铁站，天桥、电梯和自动扶梯连接公共交通服务
A-2空间要素类别	
自然要素和空间特征	庭院、平台花园和屋顶绿化，种植树木等植物、水景、雕塑和纪念空间
主要设施	户外长椅、滨水平台、遮蔽物、照明设施等
服务设施	餐厅、咖啡厅、商店、小卖部等
运动和体育设施	小径、露天广场、绿地
娱乐项目	现场表演、公共活动、水景图案等
A-3管理和维护	
清洁	场地整洁，没有垃圾
安全	安保、照明、闭路电视等设施齐全
场地维护	植物、设施维护状况良好
A-4美学和特征	
规模和设计风格	5000m^{2}室外绿地，现代风格与自然有机风格并存
感官特征和图案	大树和盆栽、水景图案、多彩的视觉传达设计等

图4.2-6 科研楼2的室内外空间环境

（3）科研楼3

科研楼3位于自然山海之间的沙田区大学校园，远山尽收眼底，青山翠海，溪流潺潺，景色优美。科研楼3建于2012年，是香港教育改革重点工程之一。为了保持现有理想自然环境与未来需求和机遇之间的平衡，科研楼3希望通过具有开放性、融合性、特异性和渗透性等特质的强烈建筑宣言，与场地环境融为一体。科研楼3获得了BEAM-PLUS标准评级，在被动式设计策略方面获得了优异的成绩。科研楼3有一系列屋顶花园，湖边还有一个绿色公园（图4.2-7、表4.2-7）。

图4.2-7　科研楼3的室内外空间环境

科研楼3实地观察的详细数据　　　　　　　　表4.2-7

类型	描述
A-1土地利用和开发	
建筑类型	教学综合楼
开发密度	7层，24m，建筑面积7720m²
分区和位置	香港沙田区大学校园
连接和动线	邻近一个地铁站，人行道、电梯和自动扶梯连接公共交通服务
A-2空间要素类别	
自然要素和空间特征	湖滨小径、平台花园和屋顶农场，种植树木等植物、水景、雕塑、纪念空间
主要设施	户外长椅、滨水平台、遮蔽物、照明设施等

类型	描述
服务设施	餐厅、咖啡馆、商店、小卖部等
运动和体育设施	小径、露天广场、游乐场
娱乐项目	现场表演、公共活动、水景图案等
A-3管理和维护	
清洁	场地整洁，没有垃圾
安全	安保、照明、闭路电视等设施齐全
场地维护	植物、设施维护状况良好
A-4美学和特征	
规模和设计风格	15000m²室外绿地，现代风格与自然有机风格相结合
感官特征和图案	大树和滨水植物、水景图案、美丽的山景和海景

4.3 现场测量

4.3.1 微气候指标测量

为研究在亚热带气候条件下，微气候观测数据与建成环境中空间要素配置之间的相互关系，对香港案例的微气候指标进行了现场测量。微气候指标的测量仪器详见第3.2.1节。微气候指标测量是在2015年7～9月夏季的炎热晴朗或部分多云的典型日子中随机选择的。根据对香港城市地区白天温度变化的调查，高峰出现在夏季的下午，并在秋季移到中午时段。测量时间表是在中午到下午晚些时候的高峰时段选择的，以符合亚热带亚洲环境的气候特征。Kestrel 4000中设置的自动记录频率以1min为间隔，每个站点的持续时间每次都是固定的60～90min。根据表4.3-1中呈现的记录数据，空气温度、相对湿度、风速和热度指数的微气候指标显示出校园环境和办公室环境之间明显的差异，特别是校园环境中空气温度的统计值（29.03℃）通常低于办公室环境中的数据记录（30.73℃）。然而，校园环境中相对湿度的统计值（77.97%）高于办公室环境（70.69%）。校园和办公室环境中观测到的风速统计值相似（分别为0.41m/s和0.40m/s）。总的来说，校园环境中热度指数的统计值（35.01℃）明显低于办公室环境的实时记录（37.86℃）。这些结果反映了校园和办公室环境之间建成环境的差异性。尽管高密度建成环境的样本案例中很少有大片离散的绿地空间，但融入城市结构的小块绿地可以通过植物和树木的遮阳效果和蒸腾作用显著改善室外微气候（Littlefair et al.，2000）。

香港案例微气候指标的统计值

表4.3-1

分组	案例列表	测量时间	空气温度（℃）				相对湿度（%）				风速（m/s）				热度指数（℃）			
			最小值	最大值	平均值	标准差	最小值	最大值	平均值	标准差	最小值	最大值	平均值	标准差	最小值	最大值	平均值	标准差
办公组	办公楼1	2015年7~9月	28.80	32.40	30.37	0.85	54.70	83.40	71.31	7.88	0.00	2.50	0.63	0.60	33.30	39.20	36.71	1.04
	办公楼2		27.60	31.70	29.97	0.94	60.00	77.20	69.78	3.11	0.00	2.90	0.36	0.48	29.90	40.60	35.76	2.6
	办公楼3		29.50	33.20	31.47	0.82	67.50	78.60	71.34	2.58	0.00	1.60	0.34	0.40	35.60	44.40	40.17	1.85
	办公楼4		29.40	32.60	31.39	0.75	67.20	75.20	70.44	1.58	0.00	1.10	0.23	0.33	35.50	43.60	39.66	1.89
办公组统计值			27.60	33.20	30.73	1.06	54.70	83.40	70.69	4.72	0.00	2.90	0.40	0.50	29.90	44.40	37.86	2.69
校园组	科研楼1	2015年7~9月	27.50	31.70	29.18	0.72	65.80	85.70	76.55	6.18	0.00	1.90	0.30	0.40	30.80	39.20	35.10	1.44
	科研楼2		28.20	30.70	29.17	0.47	71.60	81.60	77.25	3.01	0.00	2.10	0.63	0.52	32.90	40.00	35.19	1.03
	科研楼3		27.80	29.90	28.60	0.52	68.10	87.70	81.35	2.65	0.00	1.10	0.34	0.34	30.40	38.00	34.66	1.43
校园组统计值			27.50	31.70	29.03	0.65	65.80	87.70	77.97	5.07	0.00	2.10	0.41	0.45	30.40	40.00	35.01	1.34

注：数据收集时间为2015年7~9月工作日的午休时间或下午茶时间

4.3.2 场地几何参数测度

（1）办公楼1

在办公楼1的空中花园测量了3个点进行几何参数研究（图4.3-1、表4.3-2、图4.3-2）。1号点位于空中花园广场的中间，没有任何遮挡物。2号点位于裙楼花园的东侧，从北侧看长宽比非常高。3号点位于平台花园的西侧，树冠遮挡较多。根据树冠上和树冠下的辐射分析，1号点夏季下午4点以后会受到遮挡，2号点全天都高度暴露在阳光下，3号点位于树冠下，夏季获得的太阳辐射比平台花园周围其他地方要少得多。在这种情况下，广场中部和东部在夏季大多不受欢迎，而西侧花园则有良好的树荫遮挡。

图4.3-1 办公楼1开放空间构成与测量点位示意

办公楼1开放空间的平均场地几何参数 表4.3-2

案例	点位	天空可视因子（%）	树冠可视因子（%）	总体场地系数（%）	高宽比	主导遮阳方位	绿地容积率	开放空间面积（m²）	空间位置
办公楼1	1	61.00	5.81	86.77	5.82	东西向	0.08	2000	裙楼
	2	33.50	11.14	80.30	15.36	南北向	0.35	3000	裙楼
	3	34.82	38.42	47.22	2.07	东西向	0.79	2000	裙楼

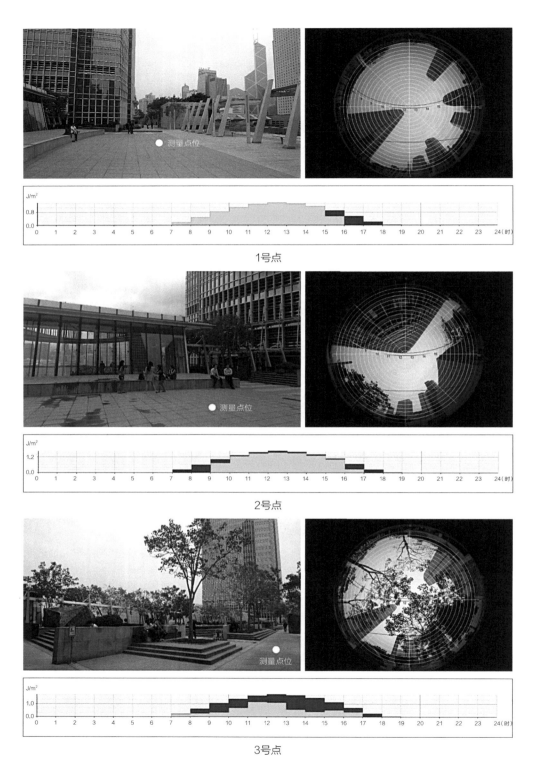

1号点

2号点

3号点

图4.3-2 办公楼1开放空间的天空视图分析

（2）办公楼2

在办公楼2的开放空间测量了3个点（图4.3-3、表4.3-3、图4.3-4）。1号点位于一个狭长的街道广场，周围高楼林立。2号点位于东广场，天空相对开阔。3号点位于东侧小树林，树冠几乎遮住了整个天空。根据林冠下的辐射分析，1号点主要被南面的高层建筑包围，阳光只能在下午照射到侧面；2号点在中午时分受到阳光照射，下午2点以后会被西面的建筑遮挡；3号点被东西两面的超高层建筑封闭，白天几乎没有太阳辐射可以照射到。在这种情况下，东广场在午餐时间受到的阳光照射最多，而东侧小树林则被建筑物和树木遮挡得很好。

图4.3-3 办公楼2开放空间构成与测量点位示意

办公楼2开放空间的平均场地几何参数 表4.3-3

案例	点位	天空可视因子（%）	树冠可视因子（%）	总体场地系数（%）	高宽比	主导遮阳方位	绿地容积率	开放空间面积（m²）	空间位置
办公楼2	1	12.35	0.50	28.98	13	南北向	0.05	1300	地面
	2	21.61	36.89	46.01	6.6	东西向	0.40	6500	地面
	3	5.87	51.3	1.36	10.5	东西向	0.86	1500	地面

图4.3-4　办公楼2开放空间的天空视图分析

（3）办公楼3

在办公楼3的地面开放空间测量了3个点（图4.3-5、表4.3-4、图4.3-6）。1号点于九龙公园南面的小树林中，树冠将其完全遮蔽。2号点选在九龙公园的公共广场，天空部分显露。3号点于面向西面海港的海岸广场。根据树冠上和树冠下的辐射分析，1号点在正午时分被树冠遮挡，上午和下午只有少量太阳辐射能从树叶间隙穿透；2号点在下午2点后被树木遮挡；而3号点则暴露在阳光下，从上午10点至日落都能获得较强的太阳辐射。在这种情况下，九龙公园南面的小树林最适合在夏季逗留，而海岸广场由于露天的热量最高，最不适合逗留。

图4.3-5 办公楼3开放空间构成与测量点位示意

办公楼3开放空间的平均场地几何参数　　　　表4.3-4

案例	点位	天空可视因子（%）	树冠可视因子（%）	总体场地系数（%）	高宽比	主导遮阳方位	绿地容积率	开放空间面积（m²）	空间位置
办公楼3	1	12.53	86.69	8.14	1.6	四周	2.12	500	地面
	2	35.07	60.43	62.19	0.5	东西向	0.96	2000	地面
	3	61.87	12.46	80.34	3.82	东西向	0.12	3500	裙楼

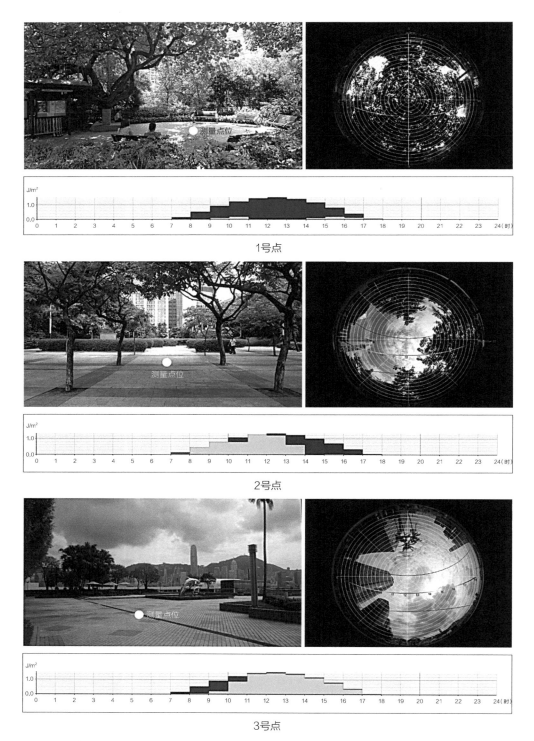

1号点

2号点

3号点

图4.3-6   办公楼3开放空间的天空视图分析

（4）办公楼4

为进行几何参数研究，在办公楼4周围测量了3个点（图4.3-7、表4.3-5、图4.3-8）。1号点位于修顿游乐场，场地上方有大片开阔天空。2号点位于骆克道游乐场，东西两侧被高层建筑包围。3号点位于告士打道花园，那里有一个开放式的公共广场，从北、南和东面被紧紧包裹。根据树冠上和树冠下的辐射分析，1号点东西两侧受到遮挡，上午9点至下午3点受到阳光照射；2号点和3号点上午至中午受到大量阳光照射，下午受到遮挡。因此，修顿游乐场在夏季获得最多的阳光辐射，而骆克道游乐场和告士打道花园则因较低的开放度和围墙而较为舒适。

图4.3-7 办公楼4开放空间构成与测量点位示意

办公楼4开放空间的平均场地几何参数　　　　　　表4.3-5

案例	点位	天空可视因子（%）	树冠可视因子（%）	总体场地系数（%）	高宽比	主导遮阳方位	绿地容积率	开放空间面积（m²）	空间位置
办公楼4	1	36.92	18.19	79.80	1.32	东西向	0.15	6000	地面
	2	14.84	56.60	51.93	5.4	东西向	1.35	2000	地面
	3	16.27	32.00	51.61	5.2	东西向	0.30	2200	地面

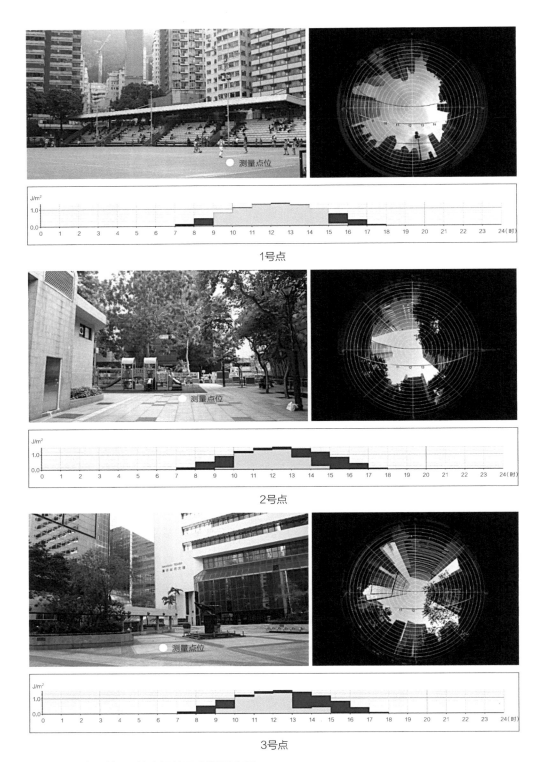

图4.3-8 办公楼4开放空间的天空视图分析

（5）科研楼1

在科研楼1周围选取了两个点进行几何参数研究（图4.3-9、表4.3-6、图4.3-10）。1号点位于楼前广场，这是一个由科研楼1和主图书馆围成的露天广场。2号点选在百合池，这是一个水上花园，周围有郁郁葱葱的树冠。根据太阳辐射分析，1号点在中午时段的辐射水平可能很强，但在清晨和傍晚，该点受到东西两侧建筑物的遮挡。在夏季正午时分，2号点受到树冠的良好遮挡，很少有阳光能透过树冠的叶隙照射进来。在这种情况下，孙逸仙广场的太阳辐射属于中等水平，而百合池在夏季则非常凉爽。

图4.3-9　科研楼1开放空间构成与测量点位示意

科研楼1开放空间的平均场地几何参数　　　　　表4.3-6

案例	点位	天空可视因子（%）	树冠可视因子（%）	总体场地系数（%）	高宽比	主导遮阳方位	绿地容积率	开放空间面积（m²）	空间位置
科研楼1	1	26.68	5.06	45.29	2.0	东西向	0.05	900	地面
	2	10.53	82.32	7.97	1.90	四周	2.35	3000	裙楼

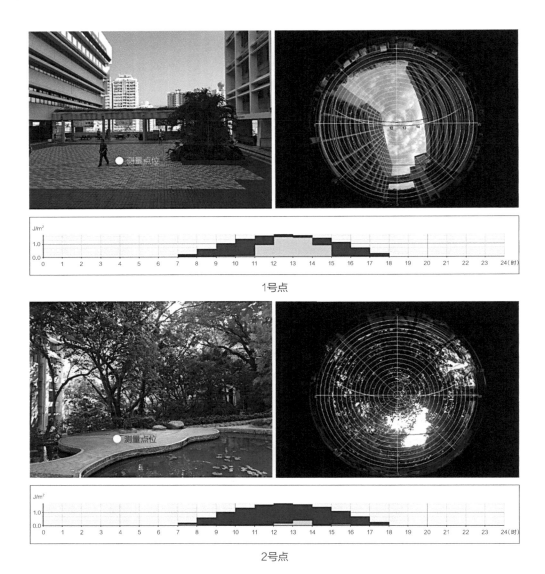

1号点

2号点

图4.3-10 科研楼1开放空间的天空视图分析

（6）科研楼2

科研楼2的开放空间中选取了3个不同高程平台的点进行几何参数研究（图4.3-11、表4.3-7、图4.3-12）。1号点位于教学楼的中央庭院，该庭院被周围的建筑完全包围。2号点位于裙楼花园的西侧，东西两侧的遮挡物很少。3号点位于水库屋顶，这里是背靠龙虎山、面向教学楼的开阔地。根据太阳辐射分析，1号点在夏季的上午至下午早些时候暴露在阳光下，而2号点和3号点全天都极易受到太阳热量的影响。因此，中央庭院由于处于围合位置，太阳辐射最小，而裙楼花园则通过开阔的天空获得最强太阳辐射。

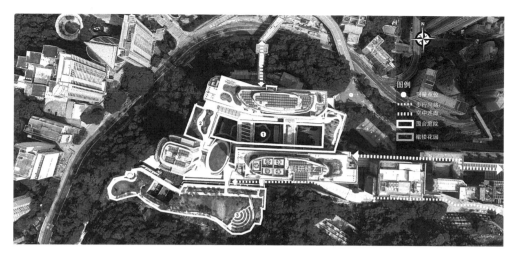

图4.3-11 科研楼2开放空间构成与测量点位示意

科研楼2开放空间的平均场地几何参数 表4.3-7

案例	点位	天空可视因子（%）	树冠可视因子（%）	总体场地系数（%）	高宽比	主导遮阳方位	绿地容积率	开放空间面积（m²）	空间位置
科研楼2	1	10.02	11.38	55.71	5.08	四周	0.26	1800	地面
	2	49.91	5.59	96.10	2.2	南北向	0.20	1000	裙楼
	3	53.10	32.82	92.94	1.3	南北向	0.45	2700	裙楼

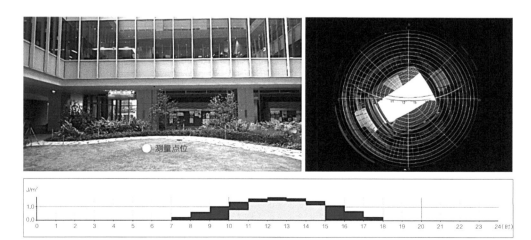

1号点

图4.3-12 科研楼2开放空间的天空视图分析

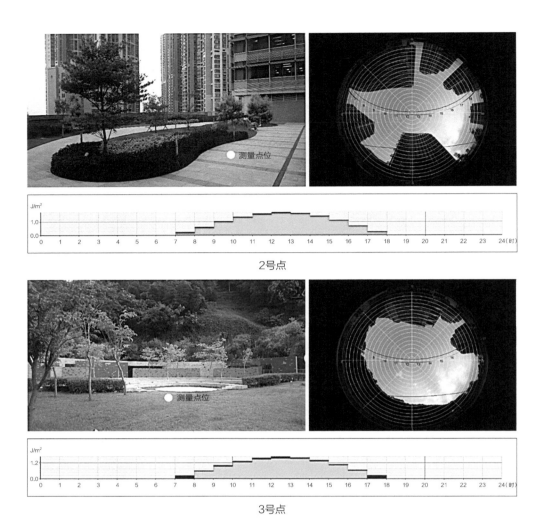

2号点

3号点

图4.3-12　科研楼2开放空间的天空视图分析（续）

（7）科研楼3

在科研楼3周围选择了4个不同建筑高程的点进行几何参数研究（图4.3-13、表4.3-8、图4.3-14）。1号点位于科研楼3的屋顶花园，面向完全开阔的天空。2号点和3号点位于裙楼南侧和北侧的平台上，那里有两个被建筑物和树木遮挡的小广场。4号点位于湖滨小径上，周围是高大的树木和植物。根据太阳辐射分析，1号点从夏季清晨到傍晚的太阳辐射水平非常强；夏季晚上10点之前，2号点被建筑物遮挡，3号点整个下午都被建筑物遮挡；4号点被树冠遮挡，只有少量阳光可以照射到地面。在这种情况下，科研楼3的屋顶花园受到的热量影响最大，而湖滨小径在郁郁葱葱树冠的覆盖下则非常舒适。

图4.3-13 科研楼3开放空间构成与测量点位示意

科研楼3开放空间的平均场地几何参数 表4.3-8

案例	点位	天空可视因子（%）	树冠可视因子（%）	总体场地系数（%）	高宽比	主导遮阳方位	绿地容积率	开放空间面积（m²）	空间位置
科研楼3	1	77.21	2.19	96.57	1.0	东西向	0.05	580	屋顶
	2	54.93	17.92	80.63	3.33	东西向	0.2	1000	裙楼
	3	28.9	30.77	41.20	3.73	东西向	0.35	740	裙楼
	4	23.70	75.57	20.12	4.8	南北向	1.45	1200	地面

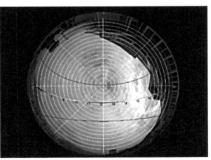

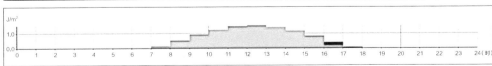

1号点

图4.3-14 科研楼3开放空间的天空视图分析

图4.3-14　科研楼3开放空间的天空视图分析（续）

4.4 自填问卷调查

4.4.1 人口统计信息

本研究共向香港选定案例场所发放了250份问卷，随后收集了203份填写完整、数据合格的反馈。受访者的人口统计信息见表4.4-1。其中，男性（51.2%）和女性（48.8%）的人数大致相等；大多数受访者（66.0%）的年龄介于26~40岁之间；81.8%的受访者具有研究生教育水平；62.6%的受访者报告身体状况健康，18.2%的受访者报告健康状况一般，2.5%的受访者报告不健康；41.9%的受访者表示在工位上有与自然的视觉联系，44.3%表示没有联系，其余13.8%表示工位处于流动状态；超过一半的受访者（62.6%）在获得认证的绿色建筑或建筑综合体中工作，剩余37.4%的受访者在未获得绿色认证的建筑中工作。

香港受访者的人口统计信息　　　　　　　　表4.4-1

B-1人口统计信息	香港样本数（N=203）		校园组（N=102）		办公组（N=101）	
性别						
男性	104	51.2%	53	52.0%	51	50.5%
女性	99	48.8%	49	48.0%	50	49.5%
年龄						
25岁及以下	48	23.6%	35	34.3%	13	12.9%
26~40岁	134	66.0%	66	64.7%	68	67.3%
41~60岁	19	9.4%	0	0	19	18.8%
61岁及以上	2	1.0%	1	1.0%	1	1.0%
受教育程度						
中学及以下	1	0.5%	0	0	1	1.0%
大学/大专	36	17.7%	19	18.6%	17	16.8%
研究生及以上	166	81.8%	83	81.4%	83	82.2%
自评的健康状况						
非常健康	34	16.7%	20	19.6%	14	13.9%
健康	127	62.6%	67	65.7%	60	59.4%
一般	37	18.2%	15	14.7%	22	21.8%
不健康	4	2.0%	0	0	4	4.0%
非常不健康	1	0.5%	0	0	1	1.0%

续表

B-1人口统计信息	香港样本数（N=203）		校园组（N=102）		办公组（N=101）	
与自然的视觉联系						
有联系	85	41.9%	55	53.9%	30	29.7%
动态工位	28	13.8%	10	9.8%	18	17.8%
无联系	90	44.3%	37	36.3%	53	52.5%
是否在有绿色认证的建筑工作						
是	127	62.6%	70	68.6%	57	56.4%
否	76	37.4%	32	31.4%	44	43.6%

根据图4.4-1所示的组间比较，可以发现两组的男女比例基本一致；香港校园组的年龄分布与办公组不同，41~60岁年龄段缺失；香港办公组的健康状况略

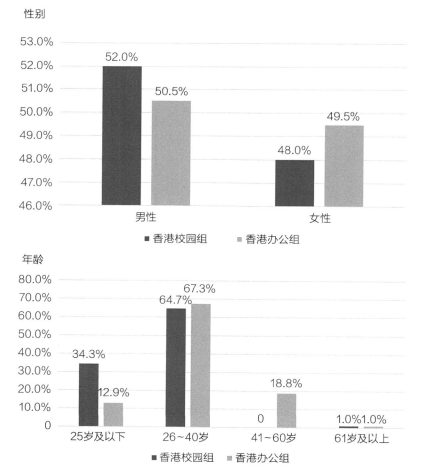

图4.4-1　香港受访者的人口统计信息分析

受教育程度

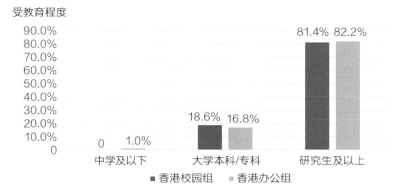

自评的健康状况

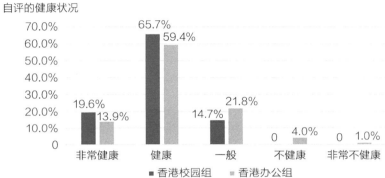

与自然的视觉联系

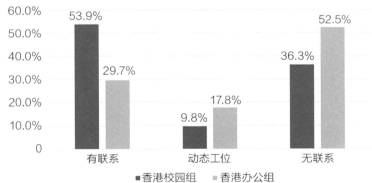

是否在有绿色认证的建筑工作

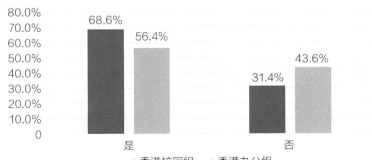

图4.4-1 香港受访者的人口统计信息分析（续）

低于香港校园组；香港办公室群体与大自然的视觉联系低于香港校园群体，且香港校园群体在经认证的绿色建筑或建筑综合体中工作的概率较高。

4.4.2　受访者态度

受访者态度指受访者在办公和学习环境周围绿地中的各种行为和感知（表4.4-2、图4.4-2）。对两组受访者态度的差异进行了T检验，显著性P值[①]设定为0.05。结果表明，在校园环境工作的受访者比在办公室工作的受访者有更高的频率访问绿地。两组受访者在停留时间、生理感受和心理感受方面没有明显差异。受访者态度调查显示，校园环境与办公室环境在工作时间和模式上存在差异。换句话说，校园环境中的受访者比办公室环境中的受访者有更高的户外活动自由度。不过，两组受访者在生理感知和心理感知方面的个人情感是相似的。

香港受访者对邻近绿地使用态度差异性的检验　　　　表4.4-2

B-2受访者态度	香港样本数（N=203）		校园组（N=102）		办公组（N=101）		T检验	
	平均值	标准差	平均值	标准差	平均值	标准差	T检验	显著性水平
总体评价[a]	4.50	0.608	4.56	0.590	4.45	0.624	1.329	0.185
到访频率[b]	3.90	1.069	4.15	1.019	3.64	1.064	3.444	0.001**
停留时间[c]	3.49	1.236	3.39	1.336	3.59	1.124	−1.164	0.246
生理感受[d]	4.28	0.601	4.33	0.533	4.23	0.662	1.253	0.212
心理感受[d]	4.33	0.592	4.37	0.561	4.29	0.622	1.027	0.305

**：显著性水平为0.01（双尾）
评分
a：1=非常不喜欢，2=不喜欢，3=中立，4=喜欢，5=非常喜欢；
b：1=每年一次或更少，2=每年多次，3=每月一次，4=每周一次，5=每周多次；
c：1=仅几分钟，2=半小时左右，3=半小时至一小时，4=一小时至两小时，5=两小时以上；
d：1=极度消极，2=消极，3=中立，4=积极，5=极度积极

[①]　即P value，指当原假设为真时，比所得到的样本观察结果更极端的结果出现概率。

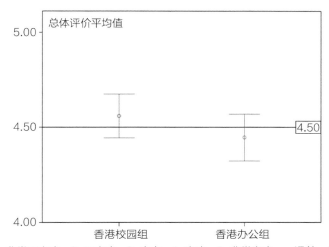

评分标准：1=非常不喜欢，2=不喜欢，3=中立，4=喜欢，5=非常喜欢 误差：95%置信区间

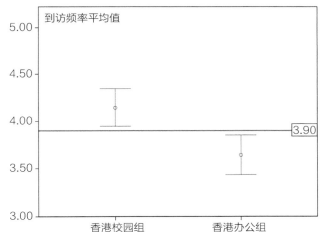

评分标准：1=每年一次或更少，2=每年多次，3=每月一次，4=每周一次，5=每周多次 误差：95%置信区间

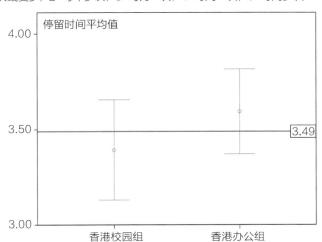

评分标准：1=仅几分钟，2=半小时左右，3=半小时至一小时，4=一小时至两小时，5=两小时及以上
误差：95%置信区间

图4.4-2 香港受访者对邻近绿地使用态度差异性分析

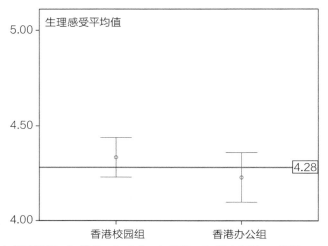

评分标准: 1=极度消极, 2=消极, 3=中立, 4=积极, 5=极度积极   误差: 95%置信区间

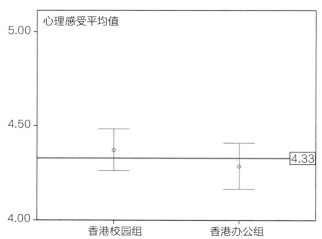

评分标准: 1=极度消极, 2=消极, 3=中立, 4=积极, 5=极度积极   误差: 95%置信区间

图4.4-2   香港受访者对邻近绿地使用态度差异性分析(续)

4.4.3   受访者偏好

受访者偏好类别指的是香港案例中个人对周围绿地参与的各种方式,包括到访时间、空间偏好、环境要素偏好、游览的关注要点和活动偏好(表4.4-3)。结果显示,超过一半的受访者更喜欢在下午参观周围的绿地;树冠和植物繁茂的森林是受访者最受欢迎的景观元素;天气条件是受访者最关注的问题,其次是时间/日程安排;受访者更喜欢和朋友/同事在绿地中闲逛,其中一部分人喜欢进行体育锻炼、喝茶/就餐或者在日常生活中路过。通过克鲁斯卡尔·沃利斯检验[1]分析

---

[1] 即Kruskal—Wallis Test,用于检验两个以上样本是否来自同一个概率分布的一种非参数方法。

香港受访者对邻近绿地使用偏好差异性的检验　表4.4-3

B-3受访者偏好	香港样本数（N=203）		校园组（N=102）		办公组（N=101）		Kruskal-Wallis 检验	
							卡方①	显著性水平
时间偏好								
清晨	20	9.9%	4	3.9%	16	15.8%	8.079	0.004**
上午至中午	64	31.5%	27	26.5%	37	36.6%	2.416	0.120
下午	128	63.1%	67	65.7%	61	60.4%	0.607	0.436
傍晚至夜间	59	29.1%	31	30.4%	28	27.7%	0.175	0.676
空间偏好								
森林/树冠	157	77.3%	72	70.6%	85	84.2%	5.306	0.021*
花坛/花园	94	46.3%	52	51.0%	42	41.6%	1.793	0.181
草坪	99	48.8%	45	44.1%	54	53.5%	1.766	0.184
滨水	73	36.0%	34	33.3%	39	38.6%	0.611	0.434
环境要素偏好								
植物	170	83.7%	84	82.4%	86	85.1%	0.290	0.590
水	126	62.1%	66	64.7%	60	59.4%	0.602	0.438
雕塑/凉棚	25	12.3%	5	4.9%	20	19.8%	10.382	0.001**
长凳/椅子	94	46.3%	38	37.3%	56	55.4%	6.721	0.010**
游览的关注要点								
时间/日程安排	109	53.7%	54	52.9%	55	54.5%	0.047	0.829
天气状况	148	72.9%	76	74.5%	72	71.3%	0.266	0.606
场地设施和项目	37	18.2%	22	21.6%	15	14.9%	1.529	0.216
场地管理和可达性	73	36.0%	34	33.3%	39	38.6%	0.611	0.434
活动偏好								
茶歇/午餐/晚饭	58	28.6%	27	26.5%	31	30.7%	0.441	0.507
与朋友/同事闲逛	136	67.0%	75	73.5%	61	60.4%	3.939	0.047*
做体育锻炼	61	30.0%	29	28.4%	32	31.7%	0.254	0.614
只是路过	70	34.5%	32	31.4%	38	37.6%	0.873	0.350

*：显著性水平为0.05（双尾）
**：显著性水平为0.01（双尾）

① 即Chi-Square，是一种用于检验两个分类变量之间是否存在显著关联的统计方法。

了各类偏好之间的显著差异（图4.4-3），显著性P值设定为0.05。根据数据分析，校园组和办公组在清晨到访的时间安排有明显差异，办公组的受访者在清晨到访的频率高于校园组。拜访空间偏好显示，办公组对森林和树冠的偏好明显高于校园组。在环境要素偏好方面，校园组对人造雕塑/凉棚和长凳/椅子的偏好低于办公组。这些都表明校园环境和办公室环境对景观构件的要求是不同的。校园组与办公组在户外参观的主要考虑因素方面并无显著差异。香港人主要关注天气状况和时间限制，较少关注场地设施和项目，以及管理问题。校园组的受访者较办公组的受访者更常与朋友/同事外出，显示两者的社交模式相对不同。

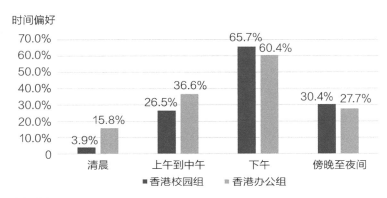

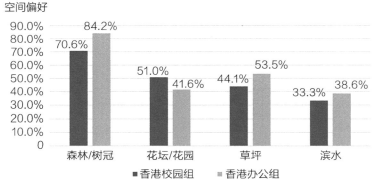

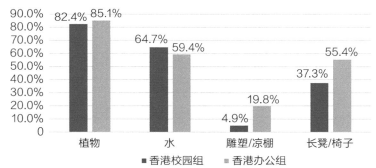

图4.4-3 香港受访者对邻近绿地使用偏好差异性分析

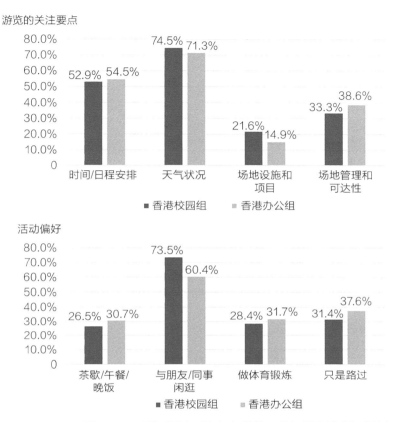

图4.4-3 香港受访者对邻近绿地使用偏好差异性分析（续）

4.4.4 感官评价与疗愈感知

表4.4-4和图4.4-4列出了促进健康的感官评价与疗愈感知的调查结果。根据统计分析，与自然的视觉联系、景观美学、听觉感知、冥想和放松的平均值高于嗅觉、触觉和味觉感知以及热舒适度的考虑。根据在校园组和办公组之间进行的T检验，在本次调查中，所有与疗愈感知相关的感官评价预测指标均无显著差异。虽然校园组的所有反馈均值略高于办公组，但可以得出这样的结论，即两组样本受访者对工作环境周围邻近绿地的感官评价和疗愈感知具有相似的观点。

香港受访者对邻近绿地的感官评价和疗愈感知的T检验　　表4.4-4

B-4感官评价与疗愈感知	香港样本数（N=203）		校园组（N=102）		办公组（N=101）		T检验	
	平均值	标准差	平均值	标准差	平均值	标准差	T检验	显著性水平
视觉感知	4.54	0.538	4.58	0.516	4.50	0.559	1.105	0.271
景观美学	4.48	0.557	4.55	0.538	4.42	0.570	1.104	0.271
听觉感知	4.38	0.652	4.45	0.654	4.31	0.644	1.711	0.089
嗅觉感知	4.02	0.817	4.13	0.817	3.92	0.808	1.711	0.089
触觉感知	4.05	0.772	4.16	0.767	3.95	0.767	1.580	0.116
味觉感知	4.06	0.765	4.18	0.763	3.95	0.753	1.581	0.116
热舒适度	3.99	0.774	4.07	0.761	3.90	0.781	1.812	0.072
冥想和放松	4.37	0.634	4.39	0.662	4.35	0.607	1.812	0.071
疗愈效果	4.33	0.633	4.38	0.614	4.28	0.650	1.917	0.057
疗愈需求	4.21	0.701	4.25	0.699	4.16	0.703	1.917	0.057

评分标准：1=非常不认可，2=不认可，3=中立，4=认可，5=非常认可

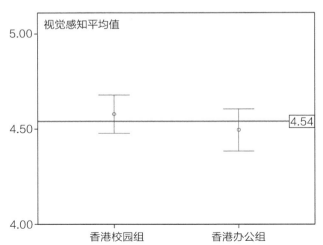

评分标准：1=非常不认可，2=不认可，3=中立，4=认可，5=非常认可　　误差：95%置信区间

图4.4-4　香港受访者对邻近绿地的感官评价与疗愈感知的数据分析

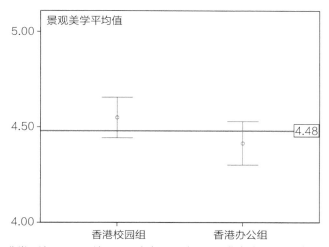

评分标准: 1=非常不认可, 2=不认可, 3=中立, 4=认可, 5=非常认可　　误差: 95%置信区间

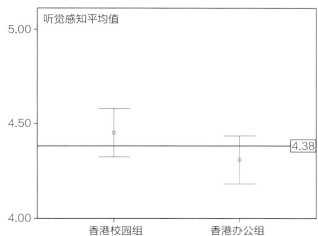

评分标准: 1=非常不认可, 2=不认可, 3=中立, 4=认可, 5=非常认可　　误差: 95%置信区间

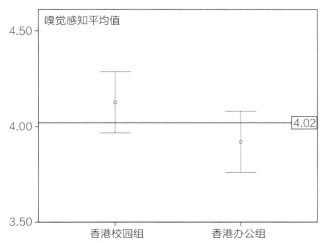

评分标准: 1=非常不认可, 2=不认可, 3=中立, 4=认可, 5=非常认可　　误差: 95%置信区间

图4.4-4 香港受访者对邻近绿地的感官评价与疗愈感知的数据分析(续)

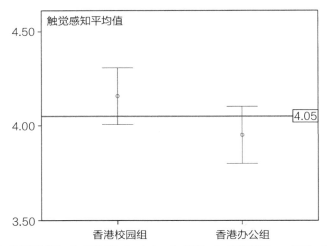

评分标准：1=非常不认可，2=不认可，3=中立，4=认可，5=非常认可　　误差：95%置信区间

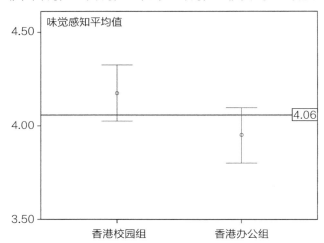

评分标准：1=非常不认可，2=不认可，3=中立，4=认可，5=非常认可　　误差：95%置信区间

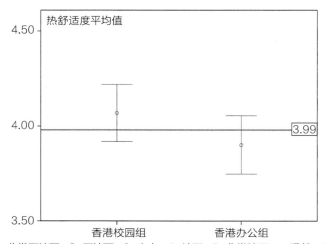

评分标准：1=非常不认可，2=不认可，3=中立，4=认可，5=非常认可　　误差：95%置信区间

图4.4-4　香港受访者对邻近绿地的感官评价与疗愈感知的数据分析（续）

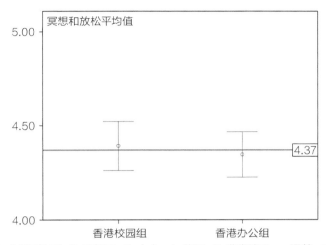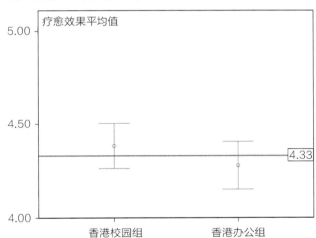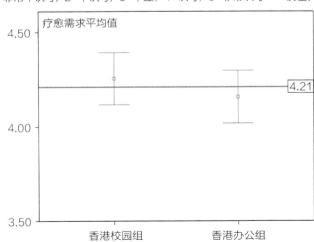

评分标准：1=非常不认可，2=不认可，3=中立，4=认可，5=非常认可　　误差：95%置信区间

评分标准：1=非常不认可，2=不认可，3=中立，4=认可，5=非常认可　　误差：95%置信区间

评分标准：1=非常不认可，2=不认可，3=中立，4=认可，5=非常认可　　误差：95%置信区间

图4.4-4　香港受访者对邻近绿地的感官评价与疗愈感知的数据分析（续）

4.5　结构式访谈

4.5.1　详细人口统计信息

　　香港案例中共有12名受访者代表参加了结构式访谈。他们的详细人口统计信息如表4.5-1所示。其中，6名受访者在办公室环境中工作，其他6名受访者在校园环境中工作。所有受访者都具有研究生学历，其中4人为女性，8人为男性。在办公组中，有4位受访者来自设计顾问公司，在那里工作了1~6年，有2位受访者在房地产开发商那里工作了几年；其中一位高级经理拥有私人办公室，其他人则在共享的开放式办公室工作。在校园组中，有一位助理教授参加工作一年，被分配到一间私人办公室供其日常使用；其余的均为博士研究生，在共享办公室工作2~3年。不同职业之间的工作时间表和工作时长是多样的。设计顾问公司的员工工作量很大，在工作日的工作时间很长，很有可能周末至少工作一天。房地产开发商员工的日程主要是商务旅行和与有固定办公时间的顾问开会，周末或假期没有额外的工作安排。校园环境中研究人员的工作时间相对灵活。其中，教授的工作时间表取决于课程安排、研究进展和与同事的合作等。虽然工作日没有固定的办公时间，但研究生，特别是那些旨在按时完成博士论文的高年级博士生往往工作到深夜，并可能继续在周末工作。

香港受访者的详细人口统计信息　　　　　表4.5-1

B-5	类别	性别	年龄	教育程度	职业	办公地点	办公室类型	工作年限
1	办公组	女	33	研究生	建筑师	办公楼2	共享	2
2		男	31	研究生	建筑师	办公楼2	共享	4
3		男	47	研究生	高级经理	办公楼1	独立	2
4		男	32	研究生	经理	办公楼1	共享	3
5		女	30	研究生	景观设计师	办公楼3	共享	1
6		男	31	研究生	建筑师	办公楼4	共享	6
7	校园组	男	37	研究生	助理教授	科研楼1	独立	1
8		女	27	研究生	研究生	科研楼1	共享	2
9		女	26	研究生	研究生	科研楼2	共享	2
10		男	29	研究生	研究生	科研楼2	共享	2
11		男	28	研究生	研究生	科研楼3	共享	2
12		男	33	研究生	研究生	科研楼3	共享	3

4.5.2 总体评价

总体评价奠定了对工作场所态度的基调。访谈从以下问题开始：①您喜欢工作场所的总体环境吗？②您有什么特别喜欢或不喜欢的地方吗？③您如何评价这些建筑功能对健康的影响？表4.5-2和图4.5-1概括了这些问题反馈结果的关键词和要点。从样本反馈来看，办公组的个人评价满意度高于校园组。同时，办公组认为环境对健康产生积极影响的频率高于校园组。

香港受访者的总体评价　　　　　　　　表4.5-2

序号	类别	总体评价	疗愈要素细节	健康影响
1	办公组	好	宽敞的室内空间；可控的空调和照明；高天花板；公共广场和绿地；艺术展览和现场活动	中性
2		非常好	与海景的视觉联系；宽敞的室内空间；毗邻办公楼的绿地；可开启的窗户；高天花板；篮球操场	积极
3		好	与海景的视觉联系；宽敞的室内空间；艺术展览	积极
4		一般	良好的IEQ；高天花板；窗户视线被其他建筑遮挡	中性
5		非常好	办公室内的绿墙；良好的IEQ；良好的室内设计和设施；咖啡吧	积极
6		差	日照和人工照明不足；空调系统不佳；从办公室窗口可欣赏到良好的海景和游乐场	消极
7	校园组	好	城市景观视野良好，绿地环境优美，如百合池	积极
8		中性	通风不好，没有自然通风，有时空调太冷，空间狭窄，没有自然景观	消极
9		非常好	采光好，工作台宽敞，茶水间配置合理，通风良好，毗邻绿地	积极
10		差	没有窗户，没有采光，工作采光差，空间狭窄，没有茶水间，毗邻绿地	消极
11		中性	窗户紧闭，因为外面的车道太吵；室内非常潮湿，空调系统运转不良；采光不足；周围有绿地	消极
12		中性	中庭空间巨大，浪费空间和能源；非常潮湿，空调通风不良，屋顶露台	中性

总体评价

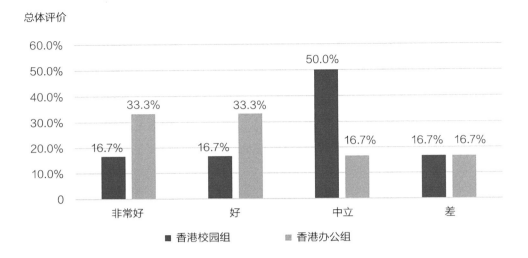

环境对健康的影响

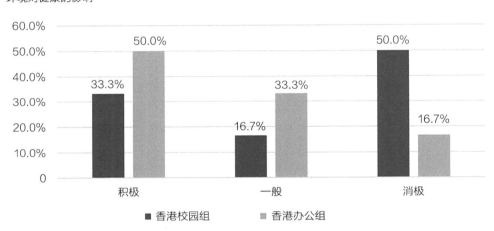

办公环境中健康的积极影响因素

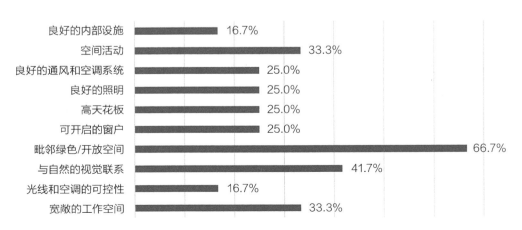

图4.5-1 香港受访者对工作环境的总体评价

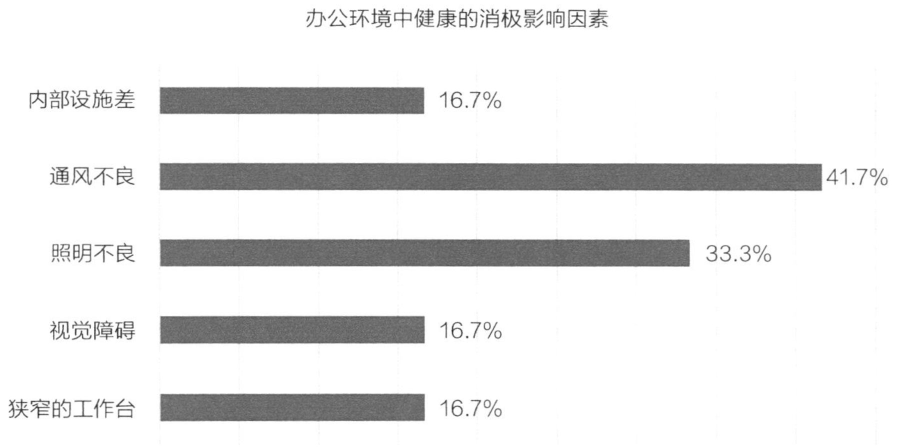

办公环境中健康的消极影响因素

内部设施差	16.7%
通风不良	41.7%
照明不良	33.3%
视觉障碍	16.7%
狭窄的工作台	16.7%

图4.5-1 香港受访者对工作环境的总体评价（续）

　　根据访谈记录的特征细节，将满意和不满意的原因编码为关键词，并统计其频率。从积极影响因素的角度来看，毗邻绿地/开放空间（66.7%）和与自然的视觉联系（41.7%），包括海景、山地、绿地、树木等，在访谈中被提及的频率最高。访谈中关于健康影响的每一个正面反馈都提到与自然的视觉联系或毗邻绿地/开放空间，或两者兼而有之。相反，人们抱怨最多的消极影响因素是室内环境质量（IEQ）差。通风不良是由于空调系统不完善或缺乏自然通风，导致室内环境的空气温度和湿度不均匀，个人感觉氧气供应不足。照明不良是指自然采光和人工照明不足，这也会影响情绪和工作效率。

4.5.3　室外健康活动

　　本部分探讨了户外空间的设施、户外活动和健康评估。访谈包含以下问题：①您会在工作日到访邻近的开放空间/绿地吗？②如果会，您会在什么时候做什么？③您如何评价这些开放式绿地对您身心健康的贡献？表4.5-3汇总了这些问题反馈结果的关键词和要点。从样本反馈中可以发现，由于工作时间固定，办公室工作人员只在午休时间去户外活动，而校园环境中的研究人员则有不同的倾向，他们会在午休、下午茶时间去附近的绿地，有时也会在晚饭后去。到访绿地期间会有几项活动，如欣赏现场表演和展览、操场游戏、散步、登山、与朋友社交以及在自然环境中工作。根据上述活动，受访者表达了几种益处，如从窗外的景色中舒缓眼睛和心灵，在自然空间中得到放松和恢复，在面对高山和大海时心情更好，以及与自然联系时的亲自然感受。

香港受访者对户外空间评价总结 表4.5-3

序号	类别	到访时间	户外活动	健康评估
1	办公组	是，仅午休时间	户外广场的现场音乐会表演，小步走	非常有助于放松和恢复
2		是，仅午休时间	下班后在楼下小公园散步和打篮球	非常有助于放松，办公室窗外的自然景观对促进心理健康非常重要
3		否，有时间限制	艺术展览和活动	窗外的海景非常有助于舒缓眼睛和精神
4		是，仅午休时间	在香港公园享用午餐并散步	对舒缓眼睛和精神非常重要
5		否，有时间限制	海滨广场，观看城市景观和日食的最佳地点	非常有助于舒缓眼睛和精神
6		是，仅午休时间	在附近的运动场看比赛，散步	操场对恢复精神很有帮助
7	校园组	是，午休或下午茶	从家到办公室的往返路线，可以欣赏到充满自然元素的好风景	从繁重的工作中解脱出来，休息片刻，放松一下；窗户与大自然的视觉联系也很重要，它可以舒缓眼睛和精神
8		是，下午茶时间	散步，周末和节假日非常喜欢爬维多利亚峰	在工作中，自然恢复非常重要，面对自然景观心情会更好
9		是，午餐和晚餐时间	庭院、平台花园和屋顶花园是散步和会友的好去处	绿地让生活更美好，在自然空间里有好心情，还有社交网络
10		是，午餐和晚餐时间	带着笔记本电脑在走廊里工作，在疲惫时与大自然来一次视觉上的交流	窗外的自然景观对缓解眼睛疲劳和恢复精神都有好处
11		是，午餐和晚餐时间	午饭后，会到湖边散步；晚饭后，会从山顶步行到办公室，而不是乘坐公交车	在校园内拥有这些绿地非常重要，在这里可以休息一下，放松眼睛和心情
12		是，茶歇时间	利用屋顶花园喝茶休息，偶尔在附近的地面上打打篮球	绿地对人体健康非常有益，尤其是与山、海和树木等大自然元素的联系，对恢复身心健康很有好处

4.5.4 室内健康感知

本部分在评估香港工作环境的健康感知偏好。根据访谈，香港有2/3的办公室窗户和1/2的校园窗户是不能打开的，这就导致了绝大多数工作环境不能自然通风。在这种情况下，调查通过以下问题对自然联系的感知偏好进行了调查：①您更喜欢在封闭的空调环境还是半自然通风的空间工作？②在您的个人感知中，这两类空间有什么区别？表4.5-4汇总了这些问题反馈的详细信息。根据样本反馈，通风类型偏好与建成环境的健康感知高度相关。

对空调空间的偏好是因为办公环境外的建成环境较差，如交通噪声大、空气质量差和负面的窗外景色视觉效果。但有一个例外，即空调系统的设计和功能良好，出风口安静、平衡，且可由使用者控制。除此之外，使用者更喜欢自然通风的空间，但前提如下：安静的室外环境，没有交通和建筑施工噪声；美丽的海景或城市绿地的自然景观；新鲜、卫生的气流带来更好的空气质量，更多的氧气让人保持清醒，提高工作效率；最后但并非最不重要的一点是，自然通风的空间使人们能够通过鸟鸣和风声、天气和时间的变化与大自然接触。总之，通过自然通风，受访者会更喜欢更健康的工作环境。

香港受访者对室内通风与视觉质量评价总结　　表4.5-4

编号	类别	可开启的窗户	通风类型的偏好和原因	与自然的视觉联系
1	办公组	有	空调（室外噪声大，视野差）	仅建筑物
2		有	自然通风（室外安静，海景一览无余）	海景
3		无	空调（超高层建筑窗户无法打开）	城市景观+海景
4		无	空调（室外噪声大和空气质量太差）	仅建筑外景
5		无	空调（加装中央空调系统，噪声小，风口平衡）	城市景观+海景
6		无	自然通风（空调系统设计不合理，平日晚上7点就会关闭）	城市景观+海景
7	校园组	有	自然通风（自然通风使人们可以接触大自然，从鸟叫声、风声、天气变化和时间变化中感受大自然。然而，室外噪声太大）	城市景观+海景
8		无	自然通风（空气质量更好，自然气流中的氧气含量更高，而氧气含量较低会让人感到非常困倦，这对提高工作效率不利）	绿地和山景
9		无	自然通风（空气流动比机械通风更自然，呼吸更卫生）	绿地和海景
10		无	自然通风（可呼吸到更多新鲜空气）	无
11		有	很难选择（窗外没有遮挡物，雨水会进入室内）	绿地
12		有	自然通风（可感受大自然。不过，这取决于室外的情况）	绿地

第 5 章

新加坡案例

5.1　新加坡概况

新加坡位于赤道附近，属于典型的热带气候，雨量充沛，全年潮湿，气温持续偏高。通常情况下，新加坡分为两个季风季节和两个季风间期。东北季风季节从12月开始，包含12月至次年1月的湿润期和1月末至3月初的干燥期；3月末至5月是第一个季风间期，期间下午会非常热，白天会有雷雨；西南季风季节从6月开始至9月结束，期间偶尔会有苏门答腊急流伴随阵风带来频繁的阵雨和雷暴；第二个季风间期从10月持续到11月，这时会有更多降雨，有时会发生严重的雷暴。根据新加坡气象局的长期记录，4月和5月的月平均气温最高（最高日平均气温达31.8℃和31.6 ℃），而12月和1月的气温最低（最低日平均气温为23.5℃和23.3℃）[①]。

新加坡人将座右铭定为"花园城市"，旨在促进城市的宜居性和人民的生活质量。1967年启动的"花园城市"计划带领新加坡从"第三世界"进步到"第一世界"，成为前总理李光耀眼中最引以为豪的"遗产"（Lee，2000）。根据2023年美世生活质量调查全球排名（Mercer Quality of Living City Ranking 2023），排名靠前的都是欧洲、北美和大洋洲的城市，新加坡名列亚洲第一，世界第29。根据经济学人智库（EIU）全球宜居指数（The Global Liveability Index）2023年报告，新加坡在亚洲也处于领先地位。新加坡一直致力于将宜居性和可持续性与城市的高密度环境协调发展（ULI et al.，2013）。新加坡的《人口白皮书》提出了"使新加坡成为一流生活环境和世界上最佳居住地之一"的愿景。可持续人口发展的核心问题在于缓解人口老龄化对城市环境的负面影响与居住环境宜居性之间的平衡，这将扩大和优化土地利用，创造新的土地容量，并增强长期需求的宜居性（NPTD，2013）。

2021年，新加坡政府发布了《2030年新加坡绿色发展蓝图》（*Singapore Green Plan 2030*，简称《绿色蓝图》），提出了到2050年实现净零排放的宏大愿景，展现了新加坡对《联合国2030可持续发展议程》和《巴黎协定》的应对策略。《绿色蓝图》由教育部、国家发展部、可持续发展和环境部、贸易和工业部以及交通运输部五大部门主导，构建了自然之城、能源重置、可持续生活、绿色经济和韧性未来五大支柱策略，代表新加坡对全球可持续发展的庄严承诺，也体现新

[①] 数据来源：新加坡气象局。

加坡对下一代未来健康宜居生活的目标[1]（表5.1-1）。

《2030年新加坡绿色发展蓝图》五大支柱策略的要点总结　表5.1-1

支柱策略	阶段目标
自然之城 City in Nature	2026年目标：开发超过130hm²的新公园，并改善约170hm²的现有公园，增加茂密的植被和自然景观； 2030年目标：年植树率翻了一番，种植100万棵树；自然公园的土地面积增加50%以上；每户人家步行10min即可到达公园； 2035年目标：增加1000hm²的绿地
能源重置 Energy Reset	绿色能源 2025年目标：安装1.5GWp太阳能光伏，约满足2025年预计电力需求的2%、约26万户家庭的年度电力需求；部署200MW·h的储能系统，以增强电网弹性并支持清洁能源转型； 2030年目标：将太阳能光伏增加到至2GWp，约满足2030年预计电力需求的3%、约35万户家庭的年度电力需求；达到符合碳减排标准的一流发电技术
	更环保的基础设施和建筑 2025年目标：将海水淡化过程的能耗从目前的3.5kW·h/m³降低到2kW·h/m³；建成新加坡首个100%能源自给自足的综合废物和废水处理设施（Tuas Nexus）； 2030年目标：按总建筑面积计算，新加坡80%的建筑实现绿色环保；80%的新建筑为超低能耗建筑；一流的绿色建筑的能源效率将提高80%（对比2005年）；海水淡化能耗进一步降低至1kW·h/m³
	可持续城镇和地区 2030年目标：将现有组屋城镇的能源消耗降低15%
	清洁能源汽车 2025年目标：柴油车和出租车停止新登记；所有组屋城镇都将在所有组屋停车场配备电动汽车充电桩； 2030年目标：所有新车和出租车注册都将是清洁能源车型；全国部署60000个电动汽车充电点； 2040年目标：所有车辆都将使用更清洁的能源
	可持续航空 2025年目标：樟宜机场空侧区所有新的轻型车辆、叉车和拖拉机都将实现电动化； 2040年目标：樟宜机场空侧区所有的车辆都将使用更清洁的能源
	可持续海事 2030年目标：港口水域运营的所有新港口船只都将是全电动的，能够使用B100生物燃料或与净零燃料兼容

---

① 数据来源：《2030年新加坡绿色发展蓝图》官方网站。

支柱策略	阶段目标
可持续生活 Sustainable Living	减少消耗和浪费的绿色公民 2026年目标：将人均每天的垃圾填埋量减少20%； 2030年目标：将家庭用水量降至人均130L/d；将人均每天的垃圾填埋量减少30%
	绿色通勤 2030年目标：实现高峰时段75%的大众公共交通（即轨道交通和公共汽车）的模式比例；电动巴士将占公共巴士车队的一半；将铁路网络扩展至360km；将自行车道网络扩展到约1300km； 2040年目标：实现80%以上的大众公共交通（即铁路和公共汽车）在高峰时段的出行比例；公共交通、主动交通（即步行和自行车）和共享交通模式占高峰时段出行总量的90%
	绿色校园 2030年目标：使学校的净碳排放量减少2/3，至少20%的学校实现碳中和
绿色经济 Green Economy	可持续性是就业和增长的新引擎 2030年目标：裕廊岛将成为可持续能源和化工园区；新加坡成为可持续旅游目的地；新加坡作为领先的绿色金融和服务中心，促进亚洲向低碳和可持续未来过渡；新加坡成为亚洲碳服务枢纽；新加坡成为开发新的可持续发展解决方案的领先区域中心；培养一批实力雄厚的本地企业，抓住可持续发展的机遇
韧性未来 Resilient Future	适应海平面上升，增强抗洪能力 2030年目标：完整制定城市东海岸、西北海岸（林厝港和双溪加株）和裕廊岛的海岸保护计划
	本地发展 2030年目标：建立农业食品行业的能力和体量，以可持续的方式在当地生产新加坡30%的营养需求

5.2　案例简介

5.2.1　办公组的实地观察

（1）办公楼5

办公楼5位于新加坡中部地区，是由一栋被殖民时期的商铺改建而成的实验性建筑，自2007年以来一直由一家设计工作室使用。这栋传统的建筑共有4层，相邻的两个单元合并成一栋楼，以满足工作室、会议室、设备齐全的厨房和休息室、画廊以及宽敞的屋顶露台的需求。根据新加坡城市重建局发布的《历史建筑保育指南》的原则，在改造过程中保留了传统的中庭，将其改造成一个生活垂直花园，最大限度地利用日光和交叉通风，使工作场所在视觉上与自然融为一体。此外，还建造了一个屋顶花园，用于城市农业和娱乐休闲（图5.2-1、表5.2-1）。

图5.2-1 办公楼5的室内外空间环境

办公楼5实地观察的详细数据   表5.2-1

类型	描述
A-1土地利用和开发	
建筑类型	设计工作室和画廊
开发密度	5层，18m高，建筑面积1300m²
分区和位置	中部地区的核心区域
连接和动线	附近有一个地铁站，与公共交通服务设施相连的人行道，通往屋顶花园的楼梯
A-2空间要素类别	
自然要素和空间特征	绿色中庭、屋顶花园、露天平台
主要设施	户外长椅、遮蔽物、照明灯等
服务设施	私人食堂、厨房、活动用桌等
运动和体育设施	小型露天平台
娱乐项目	公共活动、画廊、艺术展览等
A-3管理和维护	
清洁	私人场所整洁、无垃圾
安全	照明、闭路电视等设施齐全
场地维护	植物、设施维护良好
A-4美学和特征	
规模和设计风格	200m²绿地，现代设计，自然主题
感官特征和图案	与自然的视觉联系，城市耕作与自然融为一体

（2）办公楼6

办公楼6是一个商业综合体，位于新加坡中部地区的诺维娜区域。办公楼6最早开发于2000年，2007年又增加了新的建筑，以充满活力的新布局使其成为城市活动的区域节点。该综合体将购物中心、户外运动中心、餐饮店和办公楼整合成一个统一的能实现积极生活方式的健身综合体。办公楼6总建筑面积为70010m²，其中B座为18层的办公部分，建筑面积为20820m²。A座裙楼设有一个空中花园对客户开放。办公楼6临街有一个运动广场（图5.2-2、表5.2-2）。

图5.2-2　办公楼6的室内外空间环境

办公楼6实地观察的详细数据

表5.2-2

类型	描述
A-1土地利用和开发	
建筑类型	多功能商业综合体，办公塔楼
开发密度	B座高18层，61m，典型楼面面积1080m²，总建筑面积20820m²
分区和位置	中部地区的诺维娜区域
连接和动线	一个地铁站枢纽，与公共交通服务连接的人行道
A-2空间要素类别	
自然要素和空间特征	街心公园、平台花园、露台、水景、室内植物
主要设施	户外长椅、遮蔽物、照明设施等
服务设施	购物中心、餐厅、咖啡馆、超市等
运动和体育设施	街头篮球场

续表

类型	描述
娱乐项目	公共活动、展览、画廊等
A-3管理和维护	
清洁	公共空间整洁、无垃圾
安全	安保、照明、闭路电视等设施齐全
场地维护	植物、设施维护状况良好
A-4美学和特征	
规模和设计风格	900m²绿地，现代设计，自然主题
感官特征和图案	多彩外墙、自然联系、多样化方案

（3）办公楼7

办公楼7位于新加坡北部地区，是一所公立医疗机构，于2010年开业，定位为一个向公众开放的绿色花园。该项目占地3.4hm²，由3座办公大楼、一系列郁郁葱葱的热带庭院、屋顶花园、露台花园以及一个雨水花园构成。办公楼7通过以自然花园为主导的设计，将冷冰冰、令人生畏的医疗机构变成了亲切怡人的疗愈空间，并为未来的生活方式提供了新的思路。办公楼7于2009年获得了BCA绿色建筑标志铂金奖（图5.2-3、表5.2-3）。

图5.2-3　办公楼7的室内外空间环境

办公楼6实地观察的详细数据　　　　表5.2-3

类型	描述
A-1土地利用和开发	
建筑类型	医疗保健综合体、社区花园、滨水公园
开发密度	6~10层，高55.6m，建筑面积108600m²
分区和位置	北部地区
连接和动线	附近有一个地铁站、人行道、天桥、自动扶梯等
A-2空间要素类别	
自然要素和空间特征	雨林庭院花园、水景、平台花园、屋顶耕作、植物多样性、鸟类、蝴蝶等
主要设施	凉亭、小亭子、长凳、庇护所等
服务设施	餐厅、咖啡厅、露台餐桌等
运动和体育设施	海滨步道、绿色公园、疗愈花园
娱乐项目	户外展览、蔬菜市场、环境教育等
A-3管理和维护	
清洁	场地整洁、没有垃圾
安全	安保、照明、闭路电视等设施齐全
场地维护	植物、设施维护状况良好
A-4美学和特征	
规模和设计风格	23800m²的景观空间，自然风格的有机设计
感官特征和图案	多样的植物、水景图案、多彩的视觉识别

（4）办公楼8

办公楼8是西部地区的办公商业综合体，位于城市西部副中心。根据新加坡城市重建局的总体规划，办公楼8将成为新加坡西部地区最大的郊区商业中心。它于2013年竣工，是一个集购物中心、休闲娱乐和办公楼于一体的多元化生活中心。在可持续设计和绿色建筑的不断推广下，办公楼8于2012年获得BCA绿色建筑标志白金奖。其设计理念是在建筑综合体中嵌入丰富的空中绿化和景观区域。该项目包括一系列绿色主题空间，如生态公园、空中露台和空中走廊。这些空间位于平台、阳台和屋顶等不同界面，为建筑提供外部遮阳，减少热量吸收，并通过促进形成一个宜人的工作和休闲场所来提高生活质量（图5.2-4、表5.2-4）。

图5.2-4 办公楼8的室内外空间环境

办公楼8实地观察的详细数据　　　　　　　　表5.2-4

类型	描述
A-1土地利用和开发	
建筑类型	商业综合体、零售商店和办公大楼
开发密度	17层，高68.0m，建筑面积32052m²
分区和位置	西区地区的商业中心
连接和动线	位于地铁站枢纽交会处，有人行道、天桥、连接邻近商业中心的自动扶梯等
A-2空间要素类别	
自然要素和空间特征	绿色庭院、空中公园、屋顶花园、水景、室内植物、植物多样性、垂直绿化等
主要设施	凉亭、小卖部、长椅、遮蔽物等
服务设施	餐厅、咖啡厅、露台餐吧、连锁店等
运动和体育设施	公共开放空间、小径
娱乐项目	户外展览、销售、季节性活动等
A-3管理和维护	
清洁	场地整洁、没有垃圾
安全	安保、照明、闭路电视等设施齐全
场地维护	植物、设施维护状况良好
A-4美学和特征	
规模和设计风格	23331m²绿地，现代景观风格
感官特征和图案	多样的植物、水景图案、多彩的视觉标识

5.2.2 校园组的实地观察

（1）科研楼4

科研楼4位于中部地区的肯特岗校园西侧，始建于20世纪70年代，由荷兰公司OD205设计事务所建造，设计为3～4层的低层建筑，与校园起伏的地形轮廓相融合。科研楼4由3组建筑组成，它们通过一系列的空中天桥、走廊和平台相连，以便场地保护和未来扩建。根据"棋盘格"的发展模式，科研楼4的建筑综合体围合了多个庭院、绿色中庭、半室内和室外露台，形式和封闭性各异，分布在不同楼层，以满足学生和教职员工的休息放松、自由享受自然空间（图5.2-5、表5.2-5）。

图5.2-5　科研楼4的室内外空间环境

科研楼4实地观察的详细数据　　　　　　　　　　表5.2-5

类型	描述
A-1土地利用和开发	
建筑类型	教学楼群，内设员工办公室和工作室
开发密度	3座建筑组团，占地1.5hm²，5层，高21m²，建筑面积37900m²
分区和位置	中部地区的肯特岗校园
连接和动线	一个地铁站通过校园穿梭巴士、天桥、楼梯和人行道将建筑综合体连接起来
A-2空间要素类别	
自然要素和空间特征	小花园、绿色大道、庭院、蝴蝶园等，树木花草茂盛，野生动物繁多
主要设施	户外长椅、海滨平台、遮蔽物、照明设施等

续表

类型	描述
服务设施	餐厅、咖啡馆、商店、小卖部等
运动和体育设施	校园小径、供安静活动的半开放式林荫空间
娱乐项目	现场表演、公共活动、艺术展览等
A-3管理和维护	
清洁	场地整洁、没有垃圾
安全	安保、照明、闭路电视等设施齐全
场地维护	植物、设施维护状况良好
A-4美学和特征	
规模和设计风格	2000m² 室外绿地，自然有机的风格
感官特征和图案	大型乔木和灌木植物、适应气候的设计、多彩的视觉传达标识

（2）科研楼5

科研楼5位于中部地区肯特岗校园西侧，建于2014年，是一座对场地环境低影响开发的三层新建筑。作为大学运营和管理办公室的所在地，科研楼5凭借被动式节能和热舒适设计的卓越表现，于2013年获得BCA绿色建筑标志铂金奖。它将最佳环境特性融入设计过程中，包括有效的能源节约、采用被动设计方法的风口冷却系统、可持续的场地保护和垂直绿化等。科研楼5的建筑形态利用了新加坡盛行的南北微风，提供了"风勺"的伸展空间，为流通空间（坡道）、休闲会议区和供公众聚会的咖啡厅创造了舒适、微风拂面的室外环境。屋顶上还开发了一个城市农场，由办公室工作人员定期打理（图5.2-6、表5.2-6）。

图5.2-6 科研楼5的室内外空间环境

科研楼5实地观察的详细数据 表5.2-6

类型	描述
A-1土地利用和开发	
建筑类型	带半室外会议和公共区域的办公楼群
开发密度	5栋建筑由一个开放式中庭组合而成；占地面积4500m², 3层，高15m，建筑面积5335m²
分区和位置	位于中部地区边缘的肯特岗校园
连接和动线	一个地铁站与校园穿梭巴士相连，天桥、楼梯和人行道将其他建筑综合体连接在一起
A-2空间要素类别	
自然要素和空间特征	开放式庭院、屋顶耕作、面向附近的小树林、垂直绿化
主要设施	开放式通风会议空间、长凳、遮蔽物、灯光等
服务设施	咖啡厅、小卖部等
运动和体育设施	校园小径、半开放式的绿荫空间
娱乐项目	现场表演、公共活动、艺术展览等
A-3管理和维护	
清洁	场地整洁、没有垃圾
安全	安保、照明、闭路电视等设施齐全
场地维护	植物、设施维护状况良好
A-4美学和特征	
规模和设计风格	1500m²的屋顶花园，具有有机风格
感官特征和图案	大树和盆栽、适应气候的设计、大屋顶良好的自然通风、呼吸自然空气、丰富多彩的视觉交流识别

（3）科研楼6

科研楼6位于中部地区的大学新城核心地带，是连接两个校园的学习中心。科研楼6有4层楼，在有机形状的楼板上布置了公共学习区域、阶梯教室、研讨室、礼堂、庭院广场和屋顶花园，为学生创造了休息、阅读、写作和其他活动的多功能区域。科研楼6围绕场地内的现状大树进行设计和建造，为学者提供了一个绿色庭院，并最大限度地利用日光和自然通风，创造了更健康、更宜居的环境。该项目于2010年获得BCA绿色建筑标志铂金奖（图5.2-7、表5.2-7）。

图5.2-7　科研楼6的室内外空间环境

科研楼6实地观察的详细数据　　　　表5.2-7

类型	描述
A-1土地利用和开发	
建筑类型	教学综合楼，包括阶梯教室、公共学习空间和礼堂
开发密度	占地1.0hm²，4层，高16m，建筑面积12800m²
分区和位置	中部地区的肯特岗校园大学新城
连接和动线	一个地铁站与校园穿梭巴士相连，天桥连接肯特岗校园，大学城周围有良好的人行道
A-2空间要素类别	
自然要素和空间特征	绿色庭院、屋顶花园、自然通风露台
主要设施	自然通风的学习空间、长凳、遮蔽物、灯光、风扇、免费Wi-Fi等
服务设施	咖啡厅、饮料、小卖部等
运动和体育设施	校园小径、半开放式的绿荫空间
娱乐项目	现场表演、公共活动、艺术展览等
A-3管理和维护	
清洁	场地整洁、没有垃圾
安全	安保、照明、闭路电视等设施齐全
场地维护	植物、设施维护状况良好
A-4美学和特征	
规模和设计风格	7000m²的屋顶花园和庭院，自然有机的设计风格
感官特征和图案	大树与自然的视觉联系、气候适应性设计、大屋顶良好的自然通风感受自然空气、丰富多彩的视觉沟通识别

5.3　现场测量

5.3.1　微气候指标测量

　　为研究在热带气候条件下，微气候观测数据与建成环境中空间要素配置之间的相互关系，对新加坡选定案例的微气候指标进行了现场测量（表5.3-1）。微气候指标的测量仪器详见第3.2.1节。微气候指标测量是在2015年4~5月典型的晴热或多云天气中随机选择的。根据对新加坡城市地区白天温度变化的调查，高峰时段出现在中午至下午时段（12：00~18：00）。Kestrel 4000中设置的自动记录频率为1min间隔，每个站点的持续时间每次都是固定的60~90min。根据表5.3-1的记录数据分析，空气温度、风速、相对湿度和热度指数等微气候指标显示出校园环境与办公环境之间的明显差异。其中，校园环境的气温统计值（30.51℃）明显低于办公室环境的数据记录（31.51℃）。校园环境的相对湿度统计值（70.29%）略高于办公室环境的记录（68.59%）。此外，校园的风速统计值（0.35m/s）较办公室的风速统计值（0.42m/s）为低。总之，校园环境的热度指数统计值（36.86℃）明显低于办公室环境的实时记录（39.10℃）。该结果反映了校园和办公室环境之间的多样性。一方面，校园环境中大片的树林和绿色开放空间具有吸收辐射和通过蒸发冷却空气温度的散热功能；另一方面，一部分的高楼花园或屋顶绿化与商业区块相结合，从而减少周围建筑环境的阻碍，提高空气流速。

5.3.2　场地几何参数测度

（1）办公楼5

　　在办公楼5的空中花园和绿色中庭测量了3个点并进行场地几何参数测量（图5.3-1、表5.3-2、图5.3-2）。1号点于开放式阳台的平台上，部分阳台被遮阳帘覆盖；2号点位于屋顶农场，西南侧建有垂直绿化墙；3号点位于绿色中庭的地板上，绿色植物完全覆盖了墙壁。根据总辐射分析，1号点从早上到中午都能被太阳照到，下午3点开始被雨棚遮挡；2号点从日出到日落都过度暴露在阳光下；3号点则一直被遮挡，只有中午时分才有些许阳光。因此，屋顶农场受到的太阳辐射最多、日照时间最长，而绿色中庭则全天都被遮挡，开放式阳台适合下午3点以后的活动。

新加坡案例微气候指标的统计值

表5.3-1

分组	案例列表	测量时间	空气温度（℃）				相对湿度（%）				风速（m/s）				热度指数（℃）			
			最小值	最大值	平均值	标准差	最小值	最大值	平均值	标准差	最小值	最大值	平均值	标准差	最小值	最大值	平均值	标准差
办公组	办公楼5	2015年4~5月	28.60	36.50	31.81	2.05	57.90	74.40	65.26	4.24	0.00	0.50	0.20	0.15	31.20	50.10	39.11	5.00
	办公楼6		30.30	32.30	31.53	0.25	65.40	71.70	68.15	1.31	0.00	1.60	0.50	0.40	36.90	40.50	38.73	0.57
	办公楼7		29.40	32.90	31.38	0.79	62.80	80.20	71.64	2.93	0.00	1.00	0.24	0.25	33.70	44.70	39.60	2.15
	办公楼8		29.60	32.30	31.47	0.65	60.10	68.10	65.25	1.97	0.00	2.90	1.08	0.85	33.40	41.00	38.46	1.91
	办公组统计值		28.60	36.50	31.51	1.04	57.90	80.20	68.59	3.86	0.00	2.90	0.42	0.51	31.20	50.10	39.10	2.65
校园组	科研楼5	2015年4~5月	29.50	31.00	30.16	0.28	61.60	75.90	70.65	2.08	0.00	1.70	0.28	0.32	32.80	38.40	36.20	0.95
	科研楼6		29.00	33.10	30.26	1.03	61.80	77.70	72.36	4.96	0.00	2.20	0.45	0.49	34.20	41.50	36.73	1.50
	科研楼7		29.00	32.40	31.25	0.77	63.50	76.10	67.76	2.46	0.00	1.90	0.34	0.36	33.40	40.90	37.94	1.46
	校园组统计值		29.00	33.10	30.51	0.85	61.60	77.70	70.29	3.68	0.00	2.20	0.35	0.39	32.80	41.50	36.86	1.47

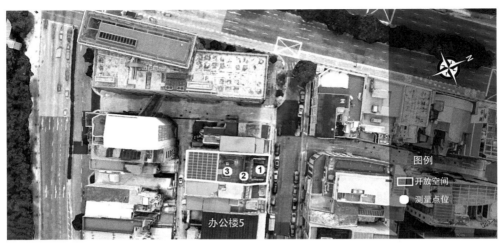

图5.3-1　办公楼5开放空间构成与测量点位示意

办公楼5开放空间的平均场地几何参数　　　　　表5.3-2

案例	点位	天空可视因子（%）	树冠可视因子（%）	总体场地系数（%）	高宽比	主导遮阳方位	绿地容积率	开放空间面积（m²）	空间位置
办公楼5	1	42.21	2.24	67.88	6.0	东西向	0.01	70	裙楼
	2	62.02	2.50	96.43	1.5	东西向	0.05	100	屋顶
	3	0.82	66.68	4.67	9.85	四周	2.25	7	地面

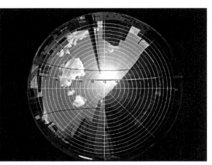

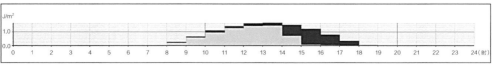

1号点

图5.3-2　办公楼5开放空间的天空视图分析

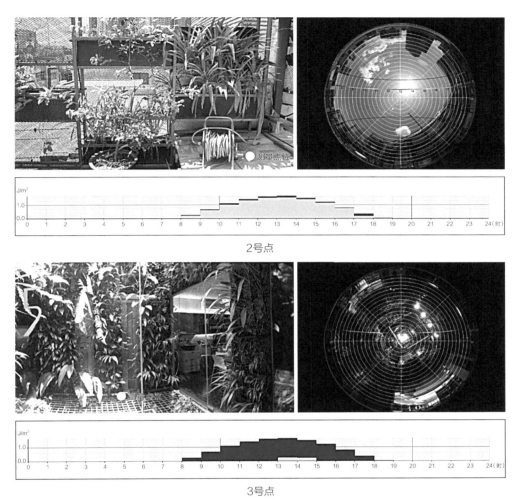

2号点

3号点

图5.3-2 办公楼5开放空间的天空视图分析（续）

（2）办公楼6

由于办公楼6的平台花园不对公众开放，因此仅在街心花园进行场地几何参数测量（图5.3-3、表5.3-3、图5.3-4）。从结果看出，正午时分的太阳辐射强度很强，下午4点以后，该地点会被树冠和建筑物遮挡。因此，很少有人在室外空间逗留，大多只是路过。

图5.3-3 办公楼6开放空间构成与测量点位示意

办公楼6开放空间的平均场地几何参数　　表5.3-3

案例	点位	天空可视因子（%）	树冠可视因子（%）	总体场地系数（%）	高宽比	主导遮阳方位	绿地容积率	开放空间面积（m²）	空间位置
办公楼6	1	35.69	44.15	65.09	4.0	东西向	0.64	1500	地面

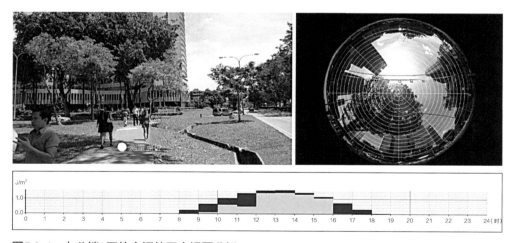

图5.3-4 办公楼6开放空间的天空视图分析

（3）办公楼7

从办公楼7选取了4个点位进行场地几何参数测量（图5.3-5、表5.3-4、图5.3-6）。1号点位于雨林庭院中，2号点位于屋顶农场中，3号点位于室外绿化平台，4号点

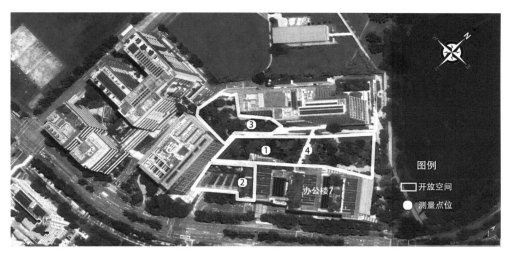

图5.3-5　办公楼7开放空间构成与测量点位示意

办公楼7开放空间的平均场地几何参数　　　　表5.3-4

案例	点位	天空可视因子（%）	树冠可视因子（%）	总体场地系数（%）	高宽比	主导遮阳方位	绿地容积率	开放空间面积（m²）	空间位置
办公楼7	1	7.78	84.41	5.36	5.0	四周	3.25	4000	地面
	2	54.64	20.13	88.17	1.2	东西向	0.15	3800	屋顶
	3	30.21	62.50	68.39	3.33	南北向	0.83	600	裙楼
	4	47.71	24.05	78.48	1.85	南北向	0.13	240	裙楼

1号点

图5.3-6　办公楼7开放空间的天空视图分析

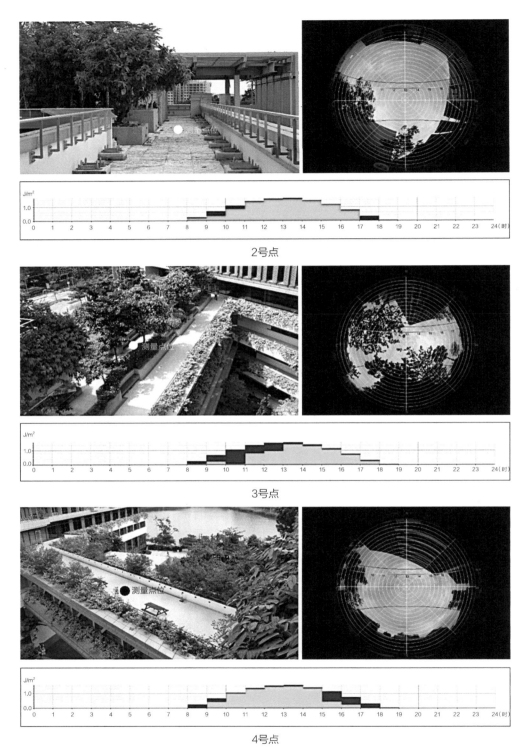

图5.3-6 办公楼7开放空间的天空视图分析（续）

位于建筑综合体的天桥平台上。根据树冠上和树冠下的辐射分析,1号点全天都被遮挡,只有较少阳光可以穿透厚厚的树冠;2号点从上午到下午5点过度暴露在阳光下;3号点在上午11点前可以被遮挡,4号点在下午4点后可以被遮挡。在这种情况下,雨林庭院获得的太阳辐射最少,因为有高大的树木遮挡。相反,屋顶农场完全向天空敞开,在夏季太阳轨迹上几乎没有被遮挡。室外绿化平台更适合在清晨逗留,而天桥平台则可在傍晚使用。

(4)办公楼8

选取办公楼8开放空间的两个点进行场地几何参数测量(图5.3-7、表5.3-5、图5.3-8)。1号点位于办公楼8与周边商业区的连廊位置;2号点位于五层的平台花园上。根据树冠上和树冠下的辐射分析,1号点从清晨到中午都被遮挡,只有下午2至4点有阳光;2号点从上午9点至下午6点过度暴露在阳光下,中午的辐射峰值非常高。在这种情况下,1号点由于隐藏在树冠和绿墙中,获得的总体场地系数(TSF)要低得多。相反,2号点朝向天空,在太阳轨迹上几乎没有被遮挡,因此在同一时间获得了更高的TSF。受访者在午休时很少使用平台花园,但下午可以外出喝茶休息。

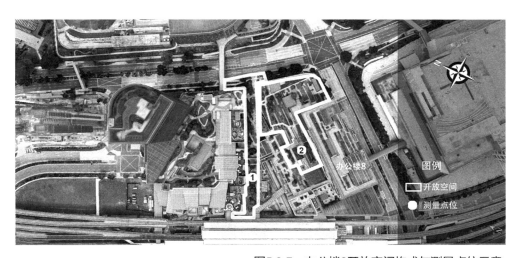

图5.3-7 办公楼8开放空间构成与测量点位示意

办公楼8开放空间的平均场地几何参数　　　　表5.3-5

案例	点位	天空可视因子(%)	树冠可视因子(%)	总体场地系数(%)	高宽比	主导遮阳方位	绿地容积率	开放空间面积(m²)	空间位置
办公楼8	1	12.53	40.01	30.20	1.0	南北向	0.91	2000	地面
	2	54.57	10.29	85.28	0.3	南北向	0.15	3500	裙楼

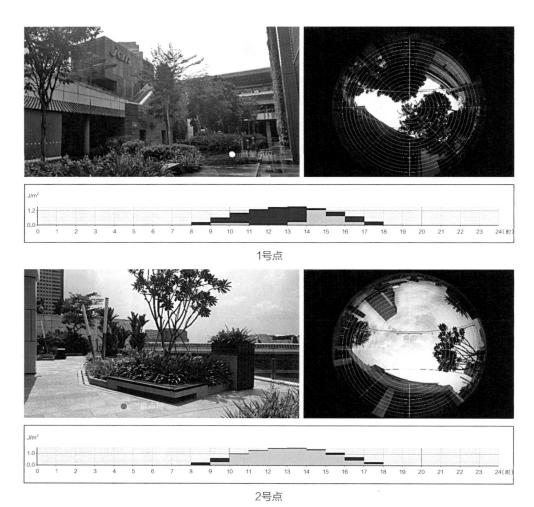

1号点

2号点

图5.3-8 办公楼8开放空间的天空视图分析

（5）科研楼4

选取了科研楼4开放空间的4个点位进行场地几何参数测量（图5.3-9、表5.3-6、图5.3-10）。1号点位于通往科研楼4建筑组团的林荫大道上，2号点和3号点分别位于南北庭院，4号点位于科研楼4的东入口。根据树冠上和树冠下的辐射分析，1号点被大树遮挡，清晨和午后有少量阳光照射进来；2号点在上午11点之前和下午4点之后被树荫遮挡；3号点在下午3点之后被建筑物遮挡；4号点在上午11点之前被遮挡。因此，通过遮阳雨棚，通往科研楼4的林荫大道全天都很舒适，北庭院和东入口适合在清晨逗留，而南庭院则可在傍晚逗留。

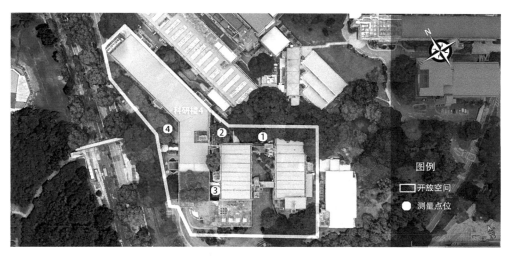

图5.3-9　科研楼4开放空间构成与测量点位示意

科研楼4开放空间的平均场地几何参数　　　　表5.3-6

案例	点位	天空可视因子（%）	树冠可视因子（%）	总体场地系数（%）	高宽比	主导遮阳方位	绿地容积率	开放空间面积（m²）	空间位置
科研楼4	1	15.10	63.77	15.62	2.0	东西向	1.30	1000	地面
	2	27.40	30.02	63.78	1.2	东西向	0.35	560	地面
	3	22.87	3.00	59.77	2.1	东西向	0.05	180	裙楼
	4	29.01	32.46	57.69	4.0	东西向	0.30	400	地面

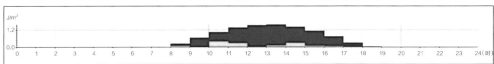

1号点

图5.3-10　科研楼4开放空间的天空视图分析

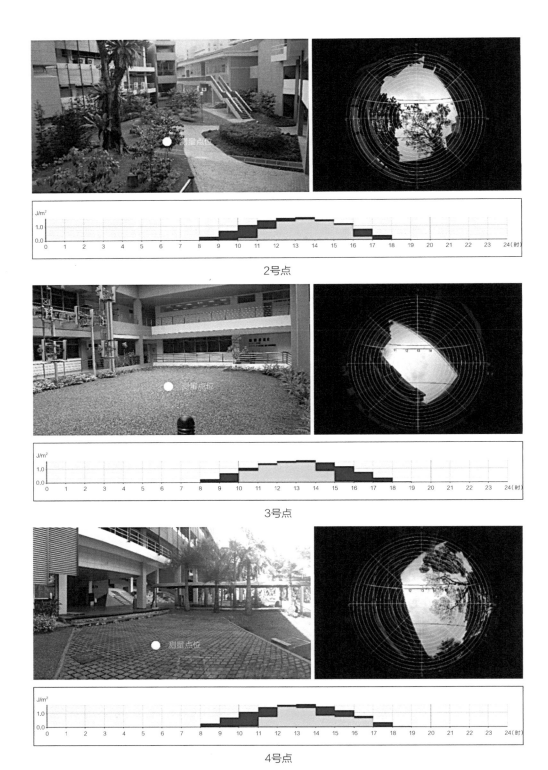

2号点

3号点

4号点

图5.3-10 科研楼4开放空间的天空视图分析（续）

（6）科研楼5

选取了科研楼5的两个点进行场地几何参数测量（图5.3-11、表5.3-7、图5.3-12）。1号点位于屋顶的西翼，2号点位于屋顶的东风方向。根据树冠上和树冠下的总辐射分析，在太阳轨迹上的树冠很少，测量点暴露在太阳照射下的比例约为90%。因此，两侧的总体场地系数均高于99.00%，这意味着屋顶从清晨到黄昏可获得全部太阳辐射。

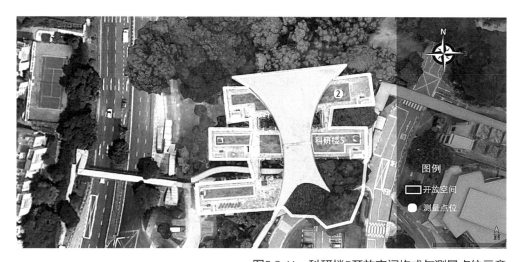

图5.3-11　科研楼5开放空间构成与测量点位示意

科研楼5开放空间的平均场地几何参数　　　　　表5.3-7

案例	点位	天空可视因子（%）	树冠可视因子（%）	总体场地系数（%）	高宽比	主导遮阳方位	绿地容积率	开放空间面积（m²）	空间位置
科研楼5	1	94.27	2.58	99.95	0.4	无	0.01	950	屋顶
	2	86.32	6.64	99.78	0.3	无	0.05	500	屋顶

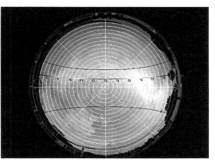

图5.3-12　科研楼5开放空间的天空视图分析

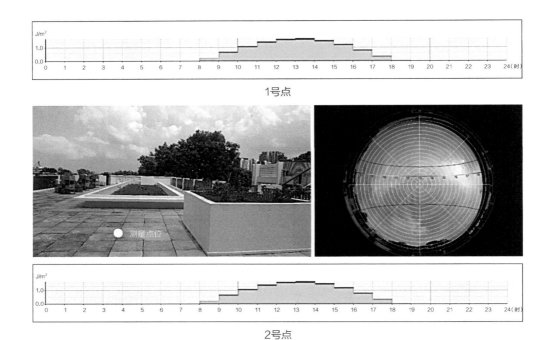

1号点

2号点

图5.3-12　科研楼5开放空间的天空视图分析（续）

（7）科研楼6

选取了科研楼6开放空间的两个点进行场地几何参数测量（图5.3-13、表5.3-8、图5.3-14）。1号点位于对外关系与合作中心的庭院，2号点位于对外关系与合作中心的屋顶。根据树冠上和树冠下的太阳辐射总量分析，1号点在正午时受到树冠的遮挡，而2号点在上午9点至下午5点期间受到太阳的强烈照射。因此，庭院更适合在午休时休息，而屋顶则可在清晨和傍晚停留。

图5.3-13　科研楼6开放空间构成与测量点位示意

科研楼6开放空间的平均场地几何参数 表5.3-8

案例	点位	天空可视因子（%）	树冠可视因子（%）	总体场地系数（%）	高宽比	主导遮阳方位	绿地容积率	开放空间面积（m²）	空间位置
科研楼6	1	28.55	28.38	64.78	1.33	东西向	0.25	1200	屋顶
	2	70.78	8.7	92.15	1.36	东西向	0.05	5000	地面

1号点

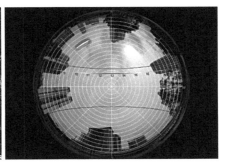

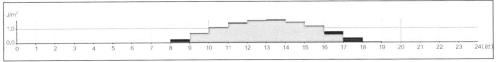

2号点

图5.3-14 科研楼6开放空间的天空视图分析

5.4 自填问卷调查

5.4.1 人口统计信息

本研究共向新加坡选定案例场所发放了250份问卷，随后收集了210份填写完整、数据合格的反馈（表5.4-1）。从收集到的样本中可以看出，男性占比（44.3%）略低于女性（55.7%）；半数受访者（50.5%）的年龄在26～40岁之间，其次是41～60岁（29.0%）；受访者的受教育程度在研究生（44.8%）和大学/大专（44.8%）中分布相当，只有10.5%的受访者拥有中学及以下学位。此外，68.6%的受访者表示健康状况良好，11.4%表示非常健康，18.6%表示健康状况一般；半数以上的受访者（52.4%）从窗外望去与自然有视觉联系，38.1%的受访者表示没有联系，其余9.5%的受访者表示工位处于流动状态。56.2%的受访者在经过认证的绿色建筑或建筑综合体中工作，43.8%的受访者在未经认证的建筑中工作。

新加坡受访者的人口统计信息　　　　　　　表5.4-1

B-1人口统计信息	新加坡样本数（N=210）		校园组（N=100）		办公组（N=110）	
性别						
男	93	44.3%	46	46.0%	47	42.7%
女	117	55.7%	54	54.0%	63	57.3%
年龄						
25岁及以下	38	18.1%	19	19.0%	19	17.3%
26～40岁	106	50.5%	40	40.0%	66	60.0%
41～60岁	61	29.0%	37	37.0%	24	21.8%
61岁及以上	5	2.4%	4	4.0%	1	0.9%
受教育程度						
中学及以下	22	10.5%	18	18.0%	4	3.6%
大学/大专	94	44.8%	33	33.0%	61	55.5%
研究生及以上	94	44.8%	49	49.0%	45	40.9%
自评的健康状况						
非常健康	24	11.4%	9	9.0%	15	13.6%
健康	144	68.6%	68	68.0%	76	69.1%
一般	39	18.6%	22	22.0%	17	15.5%
不健康	3	1.4%	1	1.0%	2	1.8%
非常不健康	0	0	0	0	0	0

续表

B-1人口统计信息	新加坡样本数（N=210）		校园组（N=100）		办公组（N=110）	
与自然的视觉联系						
有联系	110	52.4%	61	61.0%	49	44.5%
动态工位	20	9.5%	12	12.0%	8	7.3%
无联系	80	38.1%	27	27.0%	53	48.2%
是否在有绿色认证的建筑工作						
是	118	56.2%	68	68.0%	50	45.5%
否	92	43.8%	32	32.0%	60	54.5%

　　根据校园组和办公组的数据对比（图5.4-1），可以发现校园组和办公组的男女比例相等。在年龄分布上，办公组中26~40岁的样本多于校园组，41~60岁的样本少于校园组。校园组的受教育程度略低于办公组。两组的自评的健康状况类似。特别是，校园组拥有自然窗景的概率高于办公组，校园组拥有绿色认证建成环境的记录高于办公组。

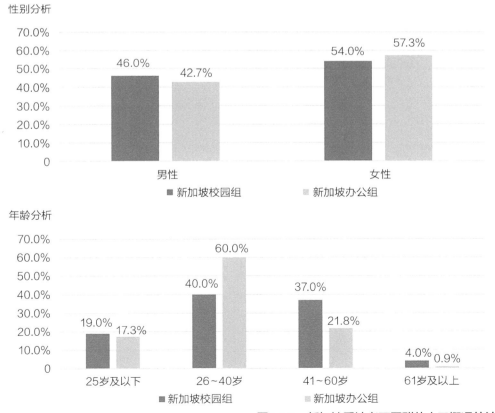

图5.4-1　新加坡受访者不同群体人口概况统计

健康状况分析

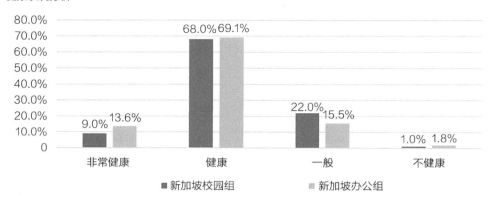

工位与自然的视觉联系

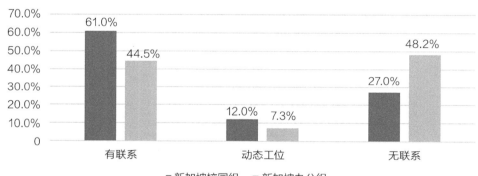

是否在有绿色认证的建筑工作

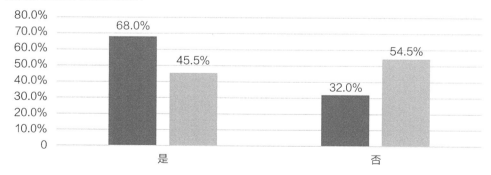

图5.4-1　新加坡受访者不同群体人口概况统计（续）

受教育程度分析

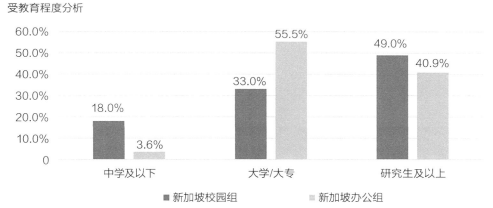

图5.4-1 新加坡受访者不同群体人口概况统计（续）

5.4.2 受访者态度

受访者态度是指在过去12个月中对周围绿地的各种行为和看法。受访者对城市绿地态度的详细情况见表5.4-2和图5.4-2。根据T检验，校园组和办公组在开放绿地停留时间上存在显著差异。数据显示，新加坡校园组在邻近绿地的停留时间比办公组长。两组受访者在总体评价、到访频率、生理感受和心理感受方面没有明显差异。对受访者态度的调查显示，校园环境和办公室环境在工作时间和模式上存在差异。具体而言，校园环境中的受访者在到访时间的自由度上高于办公室人员样本，但个人的生理感受和心理感受是相似的。

新加坡各组对邻近绿地使用态度差异性的检验　　表5.4-2

B-2受访者态度	新加坡样本数（N=210）		校园组（N=100）		办公组（N=110）		T检验	
	平均值	标准差	平均值	标准差	平均值	标准差	T检验	显著性水平
总体评价[a]	4.42	0.631	4.43	0.671	4.41	0.595	0.239	0.812
到访频率[b]	3.72	1.479	3.86	1.470	3.57	1.481	1.409	0.160
停留时间[c]	1.98	1.229	2.27	1.196	1.68	1.196	3.559	0.000**
生理感受[d]	4.10	0.630	4.10	0.611	4.10	0.649	0.000	1.000
心理感受[d]	4.19	0.597	4.17	0.620	4.21	0.576	−0.473	0.636

**：显著性水平为0.01（双尾）

评分：

a：1=非常不喜欢，2=不喜欢，3=中立，4=喜欢，5=非常喜欢；

b：1=每年一次或更少，2=每年多次，3=每月一次，4=每周一次，5=每周多次；

c：1=仅几分钟，2=半小时左右，3=半小时至一小时，4=一小时至两小时，5=两小时以上；

d：1=极度消极，2=消极，3=中立，4=积极，5=极度积极

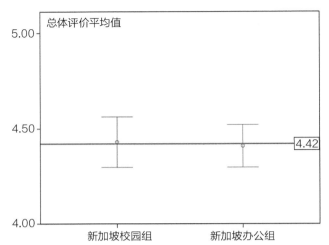

评分标准：1=非常不喜欢，2=不喜欢，3=中立，4=喜欢，5=非常喜欢   误差：95%置信区间

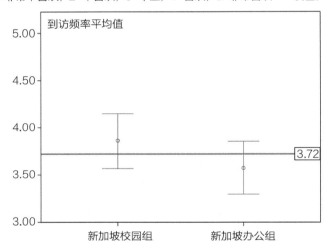

评分标准：1=每年一次或更少，2=每年多次，3=每月一次，4=每周一次，5=每周多次   误差：95%置信区间

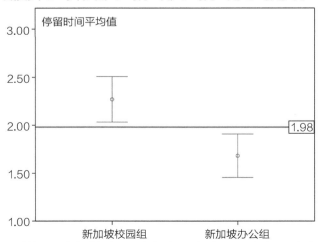

评分标准：1=仅几分钟，2=半小时左右，3=半小时至一小时，4=一小时至两小时，5=两小时以上
误差：95%置信区间

图5.4-2 新加坡受访者对邻近绿地使用态度差异性分析

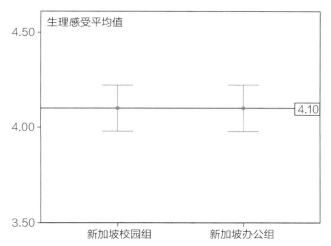

评分标准：1=极度消极，2=消极，3=中立，4=积极，5=极度积极　误差：95%置信区间

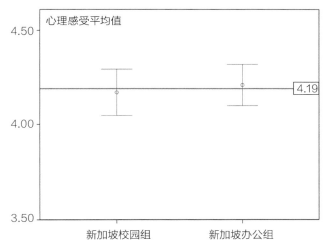

评分标准：1=极度消极，2=消极，3=中立，4=积极，5=极度积极　误差：95%置信区间

图5.4-2　新加坡受访者对邻近绿地使用态度差异性分析（续）

5.4.3　受访者偏好

受访者偏好类别指的是新加坡案例中个人对周围绿地参与的各种方式，包括时间偏好、空间偏好、环境要素偏好、游览的关注要点和活动偏好（表5.4-3）。结果显示，大多数受访者喜欢在下午（43.8%）和傍晚至午夜（33.8%）游览周边绿地。森林/树冠（55.7%）和花坛/花园（49.5%）是受访者最喜欢选择的空间；植物（83.3%）和水（60.0%）是反馈意见中最受欢迎的景观元素。天气状况（62.9%）和时间/日程安排（42.9%）是受访者最关心的问题。超过60%的受访者通常只经过绿地，36.2%喜欢与朋友或同事一起游玩，31.0%希望在户外小憩。通过Kruskal-Wallis检验分析了各类偏爱之间的显著差异（图5.4-3）。从时间

偏好来看，校园组在傍晚到访的概率较高，而办公组则更喜欢在下午参观；在空间偏好方面，办公组的受访者比校园组的受访者更喜欢花园和海滨。同时，他们对植物和水等景观元素的喜爱程度也高于校园组。从游览的关注要点来看，校园组比办公组更重视天气状况和场地设施和项目。在活动偏好方面，办公组偏好在户外喝茶/午餐休息，而校园组更多的只是路过。

新加坡受访者对邻近绿地使用偏好差异性的检验　　表5.4-3

B-3受访者偏好	新加坡样本（N=210）		校园组（N=100）		办公组（N=110）		Kruskal-Wallis检验	
							卡方	显著性水平
时间偏好								
清晨	50	23.8%	30	30.0%	20	18.2%	4.014	0.045*
上午至中午	62	29.5%	32	32.0%	30	27.3%	0.560	0.454
下午	92	43.8%	34	34.0%	58	52.7%	7.427	0.006**
傍晚至夜间	71	33.8%	38	38.0%	33	30.0%	1.491	0.222
空间偏好								
森林/树冠	117	55.7%	55	55.0%	62	56.4%	0.039	0.843
花坛/花园	104	49.5%	42	42.0%	62	56.4%	4.303	0.038*
草坪	76	36.2%	35	35.0%	41	37.3%	0.117	0.733
滨水	104	49.5%	42	42.0%	62	56.4%	4.303	0.038*
环境要素偏好								
植物	175	83.3%	76	76.0%	99	90.0%	7.357	0.007**
水	126	60.0%	53	53.0%	73	66.4%	3.879	0.049*
雕塑/凉棚	40	19.0%	17	17.0%	23	20.9%	0.517	0.472
长凳/椅子	109	51.9%	53	53.0%	56	50.9%	0.091	0.763
游览的关注要点								
时间/日程安排	90	42.9%	39	39.0%	51	46.4%	1.154	0.283
天气状况	132	62.9%	70	70.0%	62	56.4%	4.152	0.042*
场地设施和项目	24	11.4%	19	19.0%	5	4.5%	10.760	0.001**
场地管理和可达性	62	29.5%	29	29.0%	33	30.0%	0.025	0.874
活动偏好								
茶歇/午餐/晚饭	65	31.0%	21	21.0%	44	40.0%	8.806	0.003**
与朋友/同事闲逛	76	36.2%	39	39.0%	37	33.6%	0.649	0.420
做体育锻炼	21	10.0%	10	10.0%	11	10.0%	0.000	1.000
只是路过	127	60.5%	70	70.0%	57	51.8%	7.210	0.007**

*：显著性水平为0.05（双尾）

**：显著性水平为0.01（双尾）

时间偏好

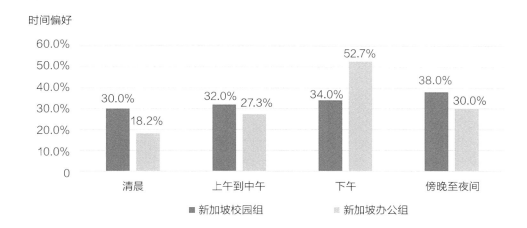

空间偏好

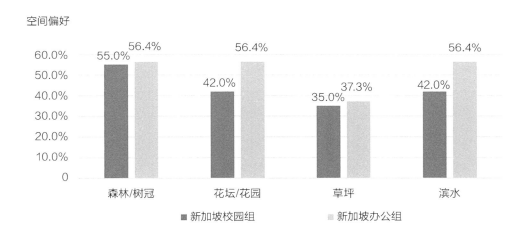

环境要素偏好

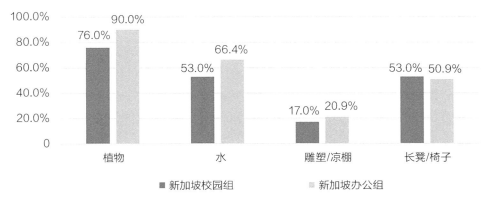

图5.4-3 新加坡受访者对邻近绿地使用偏好差异性分析

游览的关注要点

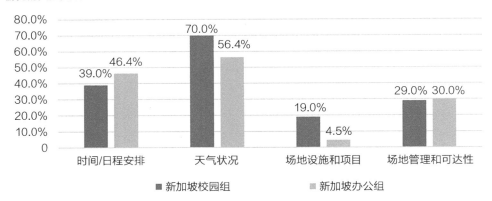

场所活动偏好

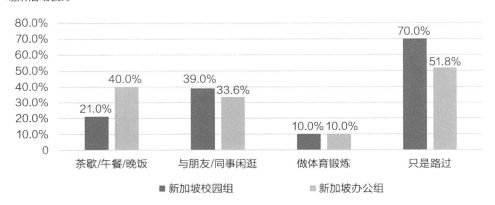

图5.4-3 新加坡受访者对邻近绿地使用偏好差异性分析（续）

5.4.4 感官评价与疗愈感知

　　表5.4-4和图5.4-4列出了促进健康的感官感知调查结果。根据统计分析，与自然的视觉联系、景观美学、听觉感知、热舒适度、冥想和放松的平均值高于嗅觉、触觉和味觉感知的考虑。根据在校园组和办公组之间进行的T检验，在本次调查中，两组在所有与感官评价和疗愈感知相关的感官评价预测指标均无显著差异。由此可见，在校园环境和办公室环境中，样本受访者对邻近绿地的感官评价和疗愈感知具有相似的观点。

新加坡受访者对邻近绿地的感官评价和疗愈感知的T检验　　表5.4-4

B-4感官评价与疗愈感知	新加坡样本（N=210）		校园组（N=100）		办公组（N=110）		T检验	
	平均值	标准差	平均值	标准差	平均值	标准差	T检验	显著性水平
视觉感知	4.39	0.563	4.35	0.575	4.44	0.551	−1.111	0.268
景观美学	4.35	0.570	4.36	0.665	4.35	0.566	0.184	0.854
听觉感知	4.21	0.685	4.26	0.691	4.15	0.680	1.114	0.267
嗅觉感知	4.04	0.721	4.08	0.761	4.01	0.684	0.707	0.480
触觉感知	3.92	0.781	3.89	0.790	3.95	0.776	−0.513	0.609
味觉感知	3.99	0.738	3.98	0.804	4.00	0.677	−0.194	0.846
热舒适度	4.27	0.695	4.23	0.694	4.30	0.698	−0.728	0.468
冥想和放松	4.28	0.663	4.31	0.647	4.25	0.680	0.703	0.483
疗愈效果	4.15	0.658	4.15	0.687	4.15	0.633	0.050	0.960
疗愈需求	3.97	0.776	4.01	0.745	3.94	0.805	0.686	0.493

评分标准：1=非常不认可，2=不认可，3=中立，4=认可，5=非常认可

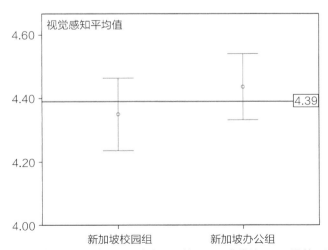

评分标准：1=非常不认可，2=不认可，3=中立，4=认可，5=非常认可　　误差：95%置信区间

图5.4-4　新加坡受访者对邻近绿地的感官评价与疗愈感知的数据分析

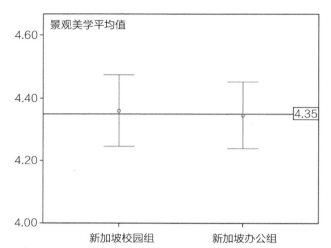

评分标准：1=非常不认可，2=不认可，3=中立，4=认可，5=非常认可　　误差：95%置信区间

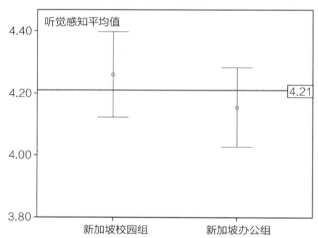

评分标准：1=非常不认可，2=不认可，3=中立，4=认可，5=非常认可　　误差：95%置信区间

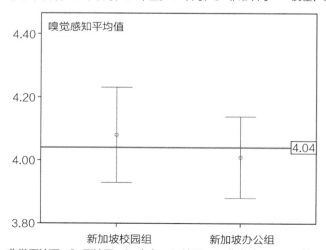

评分标准：1=非常不认可，2=不认可，3=中立，4=认可，5=非常认可　　误差：95%置信区间

图5.4-4　**新加坡受访者对邻近绿地的感官评价与疗愈感知的数据分析（续）**

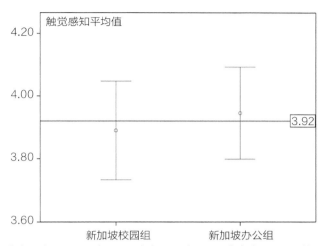

评分标准：1=非常不认可，2=不认可，3=中立，4=认可，5=非常认可　　误差：95%置信区间

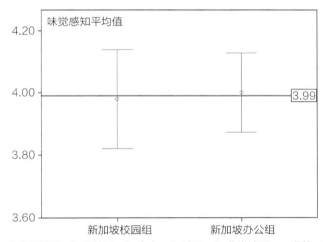

评分标准：1=非常不认可，2=不认可，3=中立，4=认可，5=非常认可　　误差：95%置信区间

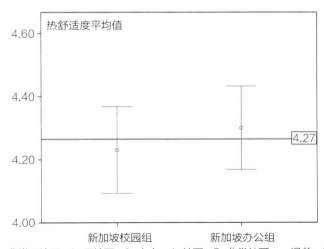

评分标准：1=非常不认可，2=不认可，3=中立，4=认可，5=非常认可　　误差：95%置信区间

图5.4-4　新加坡受访者对邻近绿地的感官评价与疗愈感知的数据分析（续）

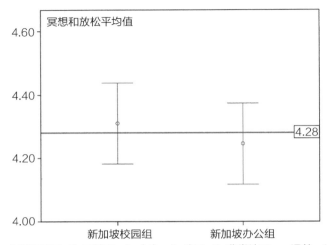

评分标准：1=非常不认可，2=不认可，3=中立，4=认可，5=非常认可　　误差：95%置信区间

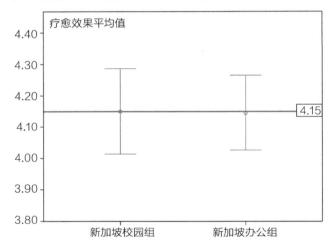

评分标准：1=非常不认可，2=不认可，3=中立，4=认可，5=非常认可　　误差：95%置信区间

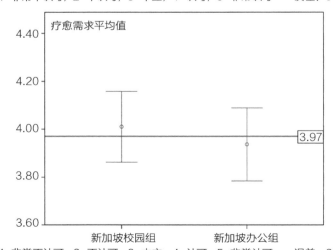

评分标准：1=非常不认可，2=不认可，3=中立，4=认可，5=非常认可　　误差：95%置信区间

图5.4-4　新加坡受访者对邻近绿地的感官评价与疗愈感知的数据分析（续）

5.5 结构式访谈

5.5.1 详细人口统计信息

新加坡案例中共有10名受访者代表参加了结构式访谈。他们的详细人口统计信息如表5.5-1所示。其中5人在办公楼工作，5人在科研楼工作。70%的受访者具有研究生学历，30%的受访者具有大学本科学历。参加访谈的有6名男性和4名女性。受访者从25岁的在读研究生到70岁被邀请重返工作岗位的退休人员不等，工作年限从1~12年不等，这可能会造成对工作场所满意度的差异。受访者的职业包括建筑师、经理、政府公务员、助理教授和研究生。不同职业的工作日程和工作时间各不相同。与香港情况类似，建筑设计公司的员工平日工作量大，工作时间长，而且周末极有可能至少工作一天。经理和公务员的日常工作主要是出差和开会，有固定的上班时间，周末或节假日没有额外的工作安排。教授和研究生在校园环境中的工作时间相对比办公室环境灵活。出于节约能源的考虑，新加坡大多数办公室在工作日晚上9点以后和整个周末都会关闭空调系统。

新加坡受访者的详细人口统计信息　　　　　　表5.5-1

	类别	性别	年龄	受教育程度	职业	办公地点	办公室类型	工作年限
1	办公组	男	40	研究生	资深建筑师	办公楼5	独立	8
2		男	37	研究生	资深建筑师	办公楼6	独立	12
3		女	70	大学本科	经理	办公楼7	共享	5
4		男	60	研究生	经理	办公楼7	共享	1
5		男	38	研究生	公务员	办公楼8	共享	1
6	校园组	女	35	研究生	助理教授	科研楼4	独立	6
7		男	30	研究生	研究生	科研楼4	共享	4
8		男	55	研究生	经理	科研楼5	共享	2
9		女	25	大学本科	研究生	科研楼6	共享	4
10		女	26	大学本科	研究生	科研楼6	共享	1

5.5.2 总体评价

总体评价奠定了对工作场所态度的基调。访谈从以下问题开始：①你喜欢工作场所的总体环境吗？②您有什么特别喜欢或不喜欢的地方吗？③您如何评价这些建筑功能对健康的影响？表5.5-2和图5.5-1总结了这些问题反馈结果的关键词和要点。从样本反馈来看，办公组和校园组受访者对所处环境的总体评价和对健康影响的评价相似。只有一名校园组受访者抱怨工作场所的环境，其他受访者都对工作环境非常满意。这一结果直接反映了新加坡对高质量建成环境的认同，以及"花园城市"国家战略的积极作用。

根据访谈记录的特征细节，将满意和不满意的原因编码成关键词，并计算出频率。从积极影响因素的角度来看，与自然的视觉联系、自然通风、绿地与建成环境的融合在受访者中出现的频率最高。其他反馈意见还包括提高生活质量、多功能休息室和良好的设施、社区参与、保护树木和促进生物多样性、绿色主题活动、良好的空间布局等。负面意见较少，仅有少数受访者表示工作空间狭窄、自然通风和空调系统不足、室外空间缺乏遮阳措施、生态效益不合格等。

新加坡受访者的总体评价

表5.5-2

序号	类别	总体评价	疗愈要素细节	健康影响
1	办公组	好	通风良好的绿色中庭和屋顶露台，有助于身心健康，提高工作效率	积极
2		好	良好的IEQ、多功能休息室、便利的周边服务	积极
3		非常好	绿地改变了医院的环境，尤其是城市农耕活动让社区志愿者参与到日常生活中	积极
4		非常好	植物和蝴蝶使医院宛如森林，提高了宜居性和生物多样性	积极
5		非常好	垂直绿化和空中花园提升生活质量；便捷的服务环绕四周	积极
6	校园组	好	植物种植箱，自然通风，面向绿色花园的良好视野	积极
7		一般	采光良好；空调导致空气温度很低；与自然没有视觉联系	中性
8		好	风向标设计将自然通风引入休息和流通空间；绿地促进了校园的生物多样性；保护树木和林地；自遮阳结构；屋顶耕作和垂直绿化冷却了太阳辐射的热增量	积极
9		非常好	科研楼6的建成环境布局和氛围非常好	积极
10		非常好	星巴克附近的开放式环境布局可以感受到时间和天气的变化	积极

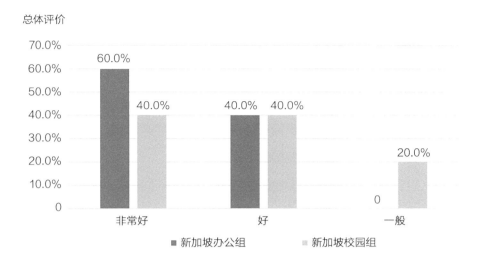

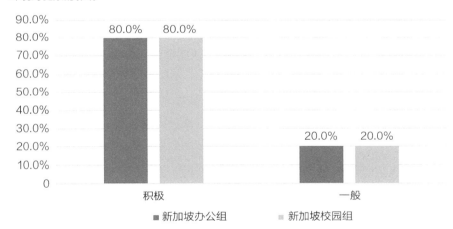

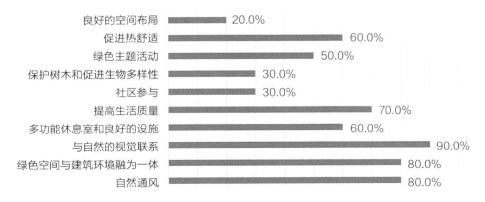

图5.5-1　新加坡受访者对工作环境的总体评价

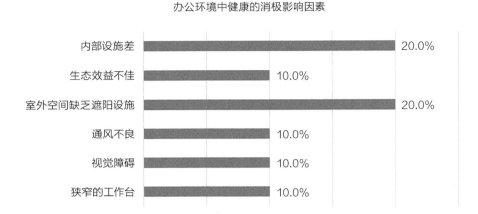

办公环境中健康的消极影响因素

图5.5-1　新加坡受访者对工作环境的总体评价（续）

5.5.3　室外健康活动

本部分探讨了户外空间的设施、户外活动和健康评估。访谈包含以下问题：①您会在工作日到访邻近的开放空间/绿地吗？②如果会，您会在什么时候做什么？③您如何评价这些开放式绿地对您身心健康的贡献？表5.5-3汇总了这些问题反馈结果的关键词和要点。根据样本反馈，笔者注意到新加坡受访者有很多机会到访其工作环境中的绿地。然而，由于天气的限制，他们通常在中午时分远离户外空间。到访绿地的过程中会发生各种各样的活动，其中，参加屋顶农场耕作、观赏鱼和蝴蝶、享受在自然空间举办的绿色活动等在本次调查中最受欢迎。根据上述活动，受访者表达了到绿地的几种益处，如从自然景观中舒缓眼睛和心灵，在自然空间中得到放松和恢复，与自然联系在一起时心情更好，工作环境更宜居，参与社交和自然保护等。

新加坡受访者对户外空间评价总结　　　　表5.5-3

序号	类别	到访时间	户外活动	健康评估
1	办公组	是，午休时间	中午下班后在露台和屋顶农场享用午餐	对人类健康至关重要；视觉舒缓和心理放松，创造人与自然交流的机会
2		否，天气限制	在员工休息室开展娱乐活动，举行非正式会议，举办艺术展览	在长时间工作后缓解压力，放松身心；创造多样化的环境，良好的自然空间视野，感受时间和天气的变化

续表

序号	类别	到访时间	户外活动	健康评估
3	办公组	是，在工作期间	屋顶农业是最好的，可以组织都市农业和志愿者工作结合在一起	疗愈环境可以缓解压力，恢复身心健康。屋顶农业计划生产有机蔬菜和水果，创造社区参与；郁郁葱葱的绿色植物还能降低环境温度
4		是，在工作休息时间	在热带雨林花园观赏瀑布、鱼塘、蝴蝶，聆听鸟儿歌唱	医院为病人和员工提供了非常好的自然健康空间，让人感到非常宁静
5		是，茶歇期间	空中花园的花草树木，让人心旷神怡；地面广场的水景，让人心旷神怡	绿色空间让眼睛和心灵得到舒缓，会让人感到舒适，心情更好
6	校园组	是，茶歇期间	漫步其中，尽享大自然的绿色美景	在一定程度上缓解压力；植物让心情更好
7		是，茶歇期间	在自然通风的科研楼4露台上举办展览和公共活动，让人想留下来喝杯奶茶	眼睛和精神得到缓解，能与大自然融为一体，清新的空气让人头脑清醒
8		是，下班后	加入屋顶上的屋顶农业小组	提高热舒适度，保持生物多样性
9		是，茶歇期间	只需走一走，就能带游客到屋顶花园鸟瞰大学城的美景	促进健康和幸福；享受大自然，树木和草坪对吸引游客大有裨益
10		否，天气限制	与绿色庭院的视觉联系	与自然相连，获得更好的心情，是非常适合休息的空间

5.5.4 室内健康感知

根据访谈结果，办公室和研究机构中有40%的窗户是可开启的，有60%的窗户是不可开启的。在这种情况下，调查通过以下问题对与自然联系的健康感知偏好进行了调查：①您更喜欢在封闭的空调环境还是半自然通风的环境工作？②在您的个人感知中，这两类空间有什么区别？表5.5-4汇总了这些问题反馈结果的详细信息。从样本反馈来看，对通风类型的偏好与建成环境的健康感知高度相关。尽管室外天气炎热，但也只有20%的受访者喜欢封闭的空调环境，其他受访者则更喜欢在自然通风的环境中工作。一方面，在自然通风的环境中可以欣赏到大自然的美丽景色，空气质量更好，气流清新卫生。此外，自然通风的非正式休息空间为讨论和激发灵感提供了更加放松和舒适的状态。另一方面，通风类型的偏好与建筑设计策略的不同高度相关。与在传统办公楼中工作的受访者相比，在经过认证的绿色建筑中工作的受访者使用半开放式自然通风空间的频率更高。根据被动式设计方法，经过认证的绿色建筑内有发达的自然通风空间可用于休息和空气流通，从而提高了空气质量和居住者的热舒适度。总之，受访者更愿意选择自然通风的空间，以获得更好的疗效和健康体验。

新加坡受访者对室内通风与视觉质量评价总结　　表5.5-4

序号	类别	可开启窗户	通风类型的偏好和原因	与自然的视觉联系
1	办公组	有	空调房间（工作时间的室外炎热）	绿色中庭，办公室内与自然的视觉联系
2		无	空调房间（工作场所内没有自然通风）	与室外绿地和花园的视觉联系
3		无	自然通风空间（在室外工作空间管理花园和农田）	在室外工作时享受自然空间
4		无	自然通风空间（享受自然空间，但天气炎热潮湿，限制了户外活动）	花园和绿地
5		有	自然通风空间（喜欢自然空气流通）	花园和绿地
6	校园组	有	自然通风空间（更舒适、有鸟鸣、与自然融为一体）	花园和绿地
7		无	自然通风空间（空调室内没有新鲜空气）	花园和绿地
8		有	自然通风空间（风斗设计将自然凉爽的新鲜空气引入半室外空间）	花园和绿地
9		无	自然通风空间（可以聊天、讨论、躺在地板上，气氛良好）	草坪和绿色庭院
10		无	自然通风空间（更轻松舒适，感知多变的天气）	草坪和绿色庭院

第 6 章

健康感知的差异性研究

　　健康感知的差异性研究是一种研究不同类别之间是否存在统计差异的策略。独立T检验和单因素方差分析用于比较非相关群体在同一连续变量上的平均值。第6章旨在验证两个问题：①不同人口统计背景的受访者，即地区、性别、年龄、受教育程度以及自评的健康状况之间的健康感知是否存在显著差异；②不同建成环境，即建筑类型、建筑形态、视觉设计、建筑认证以及通风模式之间的健康感知是否存在显著差异。根据中国香港和新加坡的数据分析，健康感知变量包括三类：个人情感、感官评价和疗愈感知。本章将回答这两个问题，并分析其背后的因果关系，旨在明确中国香港和新加坡在人口特征和建筑特征方面的疗效认知是否存在显著差异。根据中心极限定理，数量足够多的独立随机变量（即n>30）的算术平均值（每个变量都有不同的值和方差）将近似于正态分布。在本研究中，样本量足以满足中心极限定理的要求。因此，笔者进行了独立T检验和单因素方差分析，以评估和检验健康评价的均值与各类别之间是否存在统计差异。

6.1 受访者差异性分析

　　通过进行独立的T检验，分析了中国香港案例与新加坡案例在健康感知方面是否存在统计差异，P值设定为0.05（表6.1-1）。首先，中国香港受访者对绿地的生理和心理感知的评价均高于新加坡受访者。其次，中国香港受访者对与自然的视觉联系、景观美学和自然环境的听觉刺激对人体健康益处的评价高于新加坡受访者。然而，新加坡受访者普遍认为户外空间的遮阳效果对人体健康的影响比中国香港受访者更大。最重要的是，中国香港受访者对室外绿地的疗愈效果评价更高，而且在日常生活中对疗愈环境的要求也更高。

　　研究采用单因素方差分析比较不同自评健康状况的疗愈评价变量，P值设为0.05。结果显示，不同自评健康状况的人在生理感受和心理感受方面存在显著差异（表6.1-2）。根据Tukey HSD（图凯事后检验法）检验表明，健康组在生理感受（P=0.001）和心理感受（P=0.019）方面的评价都明显高于一般组。与健康状况一般组相比，中国香港和新加坡的健康组对工作场所附近绿地的生理感受和心理感受都更高。这一结果验证了室外绿地在生理和心理两方面都对人体健康产生了积极影响。然而，不同健康状况的人在感官评价和疗愈感知方面没有统计学差异。此外，根据数据分析，性别、年龄和受教育程度组之间的健康评价没有显著差异。换句话说，无论受访者是男性还是女性、青年还是老年、高中毕业还是研究生毕业，在不同状态下的疗愈感知都没有显著差异。

不同区域健康感知的差异性分析（N=413）

表6.1-1

	样本数（N=413）均值	中国香港（N=203）均值	新加坡（N=210）均值	Levene方差齐性检验		均值相等的T检验				
				F①	显著性水平	T检验	df②	显著性水平	平均差值	标准误差
生理感受（从低到高）	4.19	4.28	4.10	2.889	0.090	2.982	411.000	0.003**	0.181	0.061
						2.985	410.935	0.003	0.181	0.061
心理感受（从低到高）	4.26	4.33	4.19	3.351	0.068	2.385	411.000	0.018*	0.140	0.059
						2.385	410.701	0.018	0.140	0.059
视觉感知（从低到高）	4.47	4.54	4.39	0.241	0.624	2.614	411.000	0.009**	0.142	0.054
						2.616	410.950	0.009	0.142	0.054
景观美学（从低到高）	4.42	4.48	4.35	0.348	0.556	2.350	411.000	0.019*	0.130	0.055
						2.351	410.951	0.019	0.130	0.055
听觉感知（从低到高）	4.29	4.38	4.21	0.360	0.549	2.650	411.000	0.008**	0.175	0.066
						2.653	410.888	0.008	0.175	0.066
嗅觉感知（从低到高）	4.03	4.02	4.04	1.607	0.206	-0.241	411.000	0.810	-0.018	0.076
						-0.240	400.944	0.810	-0.018	0.076

① F值是用于比较两个或更多样本方差之间的差异是否显著的统计量。它通常是将观察到的方差比率与在零假设下模拟的分布进行比较得出的。如果F值大于临界值,并且P值小于显著性水平,则结果被认为具有统计学显著性;如果F值小于临界值,则认为没有足够的证据来拒绝零假设。

② df是自由度,是英文degree of freedom的缩写,用于计算某一统计量时,取值不受限制的变量个数。

续表

	样本数 (N=413) 均值	中国香港 (N=203) 均值	新加坡 (N=210) 均值	Levene方差齐性检验		均值相等的T检验				
				F	显著性水平	T检验	df	显著性水平	平均差值	标准误差
触觉感知（从低到高）	3.99	4.05	3.92	0.880	0.349	1.767	411.000	0.078	0.135	0.076
						1.768	410.803	0.078	0.135	0.076
味觉感知（从低到高）	4.03	4.06	3.99	1.906	0.168	0.994	411.000	0.321	0.074	0.074
						0.994	409.052	0.321	0.074	0.074
热舒适度（从低到高）	4.13	3.99	4.27	0.127	0.722	-3.890	411.000	0.000**	-0.281	0.072
						-3.883	403.074	0.000	-0.281	0.072
冥想和放松（从低到高）	4.33	4.37	4.28	0.000	0.983	1.459	411.000	0.145	0.093	0.064
						1.460	410.952	0.145	0.093	0.064
疗愈效果（从低到高）	4.24	4.33	4.15	1.454	0.229	2.871	411.000	0.004**	0.182	0.064
						2.873	410.991	0.004	0.182	0.064
疗愈需求（从低到高）	4.09	4.21	3.97	0.418	0.518	3.232	411.000	0.001**	0.235	0.073
						3.238	409.156	0.001	0.235	0.073

*：显著性水平为0.05（双尾）

**：显著性水平为0.01（双尾）

表6.1-2

不同自评健康状况的疗愈感知单因素方差分析（N=413）

		平方和	df	均方	F	显著性水平
生理感受 （从低到高）	组间分析 [1]	5.950	2.000	2.975	7.955	0.000
	组内分析 [2]	153.319	410.000	0.374	—	—
	汇总	159.269	412.000	—	—	—
心理感受 （从低到高）	组间分析	2.615	2.000	1.307	3.705	0.025
	组内分析	144.664	410.000	0.353	—	—
	汇总	147.278	412.000	—	—	—
视觉感知 （从低到高）	组间分析	1.073	2.000	0.537	1.751	0.175
	组内分析	125.668	410.000	0.307	—	—
	汇总	126.741	412.000	—	—	—
景观美学 （从低到高）	组间分析	1.294	2.000	0.647	2.023	0.134
	组内分析	131.074	410.000	0.320	—	—
	汇总	132.368	412.000	—	—	—
听觉感知 （从低到高）	组间分析	2.481	2.000	1.240	2.754	0.065
	组内分析	184.652	410.000	0.450	—	—
	汇总	187.133	412.000	—	—	—

① 组间指"健康组""一般组"和"不健康组"之间的比较。

② 组内指"健康组"等同组内部的比较。

续表

		平方和	df	均方	F	显著性水平
嗅觉感知（从低到高）	组间分析	2.510	2.000	1.255	2.135	0.120
	组内分析	241.015	410.000	0.588	—	—
	汇总	243.525	412.000	—	—	—
触觉感知（从低到高）	组间分析	0.515	2.000	0.257	0.423	0.655
	组内分析	249.398	410.000	0.608	—	—
	汇总	249.913	412.000	—	—	—
味觉感知（从低到高）	组间分析	1.778	2.000	0.889	1.578	0.208
	组内分析	230.929	410.000	0.563	—	—
	汇总	232.707	412.000	—	—	—
热舒适度（从低到高）	组间分析	0.588	2.000	0.294	0.525	0.592
	组内分析	229.610	410.000	0.560	—	—
	汇总	230.199	412.000	—	—	—
冥想和放松（从低到高）	组间分析	0.856	2.000	0.428	1.013	0.364
	组内分析	173.313	410.000	0.423	—	—
	汇总	174.169	412.000	—	—	—
疗愈效果（从低到高）	组间分析	0.772	2.000	0.386	0.909	0.404
	组内分析	173.974	410.000	0.424	—	—
	汇总	174.746	412.000	—	—	—
疗愈需求（从低到高）	组间分析	1.148	2.000	0.574	1.025	0.360
	组内分析	229.714	410.000	0.560	—	—
	汇总	230.862	412.000	—	—	—

6.2 建成环境的差异性分析

本研究采用独立T检验和单因素方差分析来比较建成环境类别之间的显著差异。首先，采用T检验来比较不同建筑形态对一系列疗愈感知变量的影响，P值设定为0.05。根据表6.2-1的数据结果分析，建筑综合体与单体建筑之间的热舒适度评价存在统计学差异。研究结果表明，中国香港和新加坡的单体建筑受访者对室外空间遮阳效果的关注度（P<0.001）均高于建筑综合体的受访者。这项调查结果显示了两个研究解读：①建筑综合体的室外热舒适度高于单体建筑；②单体建筑的室外空间访问意向高于建筑综合体。根据上述分析，单体建筑的受访者访问室外绿地的频率明显高于建筑综合体的使用者（P=0.015）。根据第4章和第5章中讨论的受访者偏好，中国香港和新加坡受访者最关注的室外绿地拜访前提都是天气状况。因此，可以推断微气候条件是疗愈空间设计的关键问题之一。

根据表6.2-2的数据结果分析，经认证的绿色建成环境与未经认证的建成环境在热舒适度、冥想和放松项目上的健康评价存在统计学差异。与绿色建成环境相比，未经认证建成环境中的受访者对热舒适度、冥想和放松的关注度更高。这一结果表明经认证的绿色建筑的热舒适度和融入自然的设计高于未经认证的建筑。然而，经认证的建筑与未经认证的建筑在个人情感、疗愈感知和其他感官感知方面没有明显差异。另一个假设讨论是空调和混合通风两种通风模式之间是否存在显著差异。

根据表6.2-3的数据结果分析，多个研究因子存在统计差异。由于在生理感受和心理感受变量上存在显著差异（P<0.05）的同方差性，由此推断T检验拒绝方差齐性的零假设。其次，空调组受访者对视觉感知、景观美学和自然环境中的听觉感知、触觉感知，以及冥想和放松对人体健康益处的评价高于混合通风组受访者。最核心的是，混合通风模式组受访者认为遮阳效果比空调组更显著；空调组受访者对绿地疗愈效果的满意度和日常生活中对疗愈空间的需求均高于混合通风组受访者。

根据第4.5节和第5.5节中的结构式访谈，上述分析结果表明，与纯空调环境相比，在普通工作场所工作的受访者更喜欢混合模式通风。自然通风带来了更好的空气质量，新鲜、卫生的气流，更多的氧气，使人保持清醒，提高工作效率。同时，混合通风模式赋予了空间的昼夜节律，使人们能够通过鸟鸣、风声、天气和时间的变化与大自然接触。

从其他数据分析来看，建筑类型和与自然的视觉联系没有显著差异。换句话说，无论受访者是在校园环境还是办公环境中工作，是否拥有自然景色的窗景，其疗愈感知可能没有明显差异。

表6.2-1

建筑综合体与单体建筑疗愈感知的差异性分析（N=413）

影响因子	类别	建筑综合体（N=223）均值	单体建筑（N=190）均值	Levene方差齐性检验 F	Levene方差齐性检验 显著性水平	均值相等的T检验 T检验	df	显著性水平	平均差值	标准误差
生理感受（从低到高）	中国香港	4.23	4.36	0.228	0.634	0.457	411.000	0.648	0.028	0.061
	新加坡	4.16	4.04	—	—	0.456	393.396	0.649	0.028	0.062
心理感受（从低到高）	中国香港	4.28	4.42	0.019	0.889	0.202	411.000	0.84	0.012	0.059
	新加坡	4.25	4.14	—	—	0.202	400.387	0.84	0.012	0.059
视觉感知（从低到高）	中国香港	4.52	4.57	0.001	0.969	1.127	411.000	0.26	0.062	0.055
	新加坡	4.46	4.34	—	—	1.126	399.618	0.261	0.062	0.055
景观美学（从低到高）	中国香港	4.44	4.56	2.369	0.125	0.022	411.000	0.982	0.001	0.056
	新加坡	4.39	4.32	—	—	0.022	388.655	0.982	0.001	0.056
听觉感知（从低到高）	中国香港	4.35	4.43	0.245	0.621	-0.116	411.000	0.908	-0.008	0.067
	新加坡	4.21	4.20	—	—	-0.116	403.837	0.907	-0.008	0.066
嗅觉感知（从低到高）	中国香港	3.96	4.13	1.387	0.240	-1.487	411.000	0.138	-0.113	0.076
	新加坡	4.01	4.07	—	—	-1.490	403.645	0.137	-0.113	0.076

续表

影响因子	类别	建筑综合体（N=223）均值	单体建筑（N=190）均值	Levene方差齐性检验		均值相等的T检验				
				F	显著性水平	T检验	df	显著性水平	平均差值	标准误差
触觉感知（从低到高）	中国香港	4.00	4.14	1.558	0.213	-1.111	411.000	0.267	-0.085	0.077
	新加坡	3.88	3.96	—	—	-1.119	408.835	0.264	-0.085	0.076
味觉感知（从低到高）	中国香港	3.98	4.21	1.071	0.301	-1.836	411.000	0.067	-0.136	0.074
	新加坡	3.95	4.03	—	—	-1.853	410.160	0.065	-0.136	0.073
热舒适度（从低到高）	中国香港	3.90	4.12	2.078	0.150	-3.565	411.000	0.000**	-0.259	0.073
	新加坡	4.14	4.37	—	—	-3.627	409.685	0.000	-0.259	0.072
冥想和放松（从低到高）	中国香港	4.32	4.45	1.210	0.272	0.483	411.000	0.629	0.031	0.064
	新加坡	4.36	4.20	—	—	0.481	390.024	0.631	0.031	0.065
疗愈效果（从低到高）	中国香港	4.23	4.49	0.178	0.674	-0.442	411.000	0.659	-0.028	0.064
	新加坡	4.22	4.09	—	—	-0.442	401.286	0.659	-0.028	0.064
疗愈需求（从低到高）	中国香港	4.11	4.36	1.121	0.290	0.206	411.000	0.837	0.015	0.074
	新加坡	4.07	3.88	—	—	0.206	404.895	0.837	0.015	0.074

绿色建筑与非绿色建筑建成环境的疗愈感知的差异性分析（N=413）

表6.2-2

影响因子	类别	绿色建筑认证（N=245）平均值	非绿色建筑认证（N=168）平均值	Levene方差齐性检验 F	Levene方差齐性检验 显著性水平	均值相等的T检验 T检验	均值相等的T检验 df	均值相等的T检验 显著性水平	均值相等的T检验 平均差值	均值相等的T检验 标准误差
生理感受（从低到高）	中国香港	4.26	4.32	6.479	0.011	-0.366	411.000	0.715	-0.023	0.062
	新加坡	4.09	4.11	—	—	-0.357	326.838	0.722	-0.023	0.064
	汇总	4.18	4.20	—	—	—	—	—	—	—
心理感受（从低到高）	中国香港	4.30	4.38	0.584	0.445	-1.759	411.000	0.079	-0.105	0.060
	新加坡	4.13	4.27	—	—	-1.772	368.052	0.077	-0.105	0.059
	汇总	4.22	4.32	—	—	—	—	—	—	—
视觉感知（从低到高）	中国香港	4.52	4.57	0.841	0.360	-1.792	411.000	0.074	-0.099	0.055
	新加坡	4.32	4.49	—	—	-1.777	348.070	0.076	-0.099	0.056
	汇总	4.42	4.52	—	—	—	—	—	—	—
景观美学（从低到高）	中国香港	4.43	4.57	0.789	0.375	-1.957	411.000	0.051	-0.111	0.057
	新加坡	4.31	4.41	—	—	-1.953	356.568	0.052	-0.111	0.057
	汇总	4.37	4.48	—	—	—	—	—	—	—
听觉感知（从低到高）	中国香港	4.36	4.41	0.005	0.943	-1.367	411.000	0.172	-0.092	0.067
	新加坡	4.14	4.29	—	—	-1.378	368.580	0.169	-0.092	0.067
	汇总	4.25	4.35	—	—	—	—	—	—	—
嗅觉感知（从低到高）	中国香港	4.02	4.04	1.915	0.167	0.351	411.000	0.726	0.027	0.077
	新加坡	4.08	4.00	—	—	0.344	334.709	0.731	0.027	0.079
	汇总	4.04	4.02	—	—	—	—	—	—	—

续表

影响因子	类别	绿色建筑认证（N=245）平均值	非绿色建筑认证（N=168）平均值	Levene方差齐性检验		均值相等的T检验				
				F	显著性水平	T检验	df	显著性水平	平均差值	标准误差
触觉感知（从低到高）	中国香港	4.04	4.08	0.911	0.340	-0.057	411.000	0.955	-0.004	0.078
	新加坡	3.92	3.91	—	—	-0.056	350.330	0.955	-0.004	0.079
	汇总	3.98	3.99	—	—	—	—	—	—	—
味觉感知（从低到高）	中国香港	4.06	4.08	1.333	0.249	-1.137	411.000	0.256	-0.086	0.075
	新加坡	3.92	4.08	—	—	-1.130	351.131	0.259	-0.086	0.076
	汇总	3.99	4.08	—	—	—	—	—	—	—
热舒适度（从低到高）	中国香港	3.98	3.99	1.090	0.297	-2.350	411.000	0.019*	-0.175	0.074
	新加坡	4.14	4.43	—	—	-2.359	364.010	0.019	-0.175	0.074
	汇总	4.06	4.23	—	—	—	—	—	—	—
冥想和放松（从低到高）	中国香港	4.32	4.45	3.533	0.061	-1.994	411.000	0.047*	-0.129	0.065
	新加坡	4.21	4.36	—	—	-1.976	347.099	0.049	-0.129	0.066
	汇总	4.27	4.40	—	—	—	—	—	—	—
疗愈效果（从低到高）	中国香港	4.27	4.43	3.232	0.073	-0.944	411.000	0.346	-0.062	0.065
	新加坡	4.15	4.14	—	—	-0.934	346.191	0.351	-0.062	0.066
	汇总	4.21	4.27	—	—	—	—	—	—	—
疗愈需求（从低到高）	中国香港	4.13	4.34	2.141	0.144	-1.657	411.000	0.098	-0.124	0.075
	新加坡	3.94	4.01	—	—	-1.658	360.120	0.098	-0.124	0.075
	汇总	4.04	4.16	—	—	—	—	—	—	—

*：显著性水平为0.05（双尾）

空调通风与混合通风建成环境的疗愈感知的差异性分析（N=413）

表6.2-3

影响因子	类别	混合通风模式（N=225）均值	空调通风模式（N=188）均值	Levene方差齐性检验		均值相等的T检验				
				F	显著性水平	T检验	df	显著性水平	平均差值	标准误差
生理感受（从低到高）	中国香港	4.23	4.29	8.845	0.003	-3.131	411.000	0.002	-0.190	0.061
	新加坡	4.08	4.33	—	—	-3.123	393.997	0.002	-0.190	0.061
	汇总	4.10	4.29	—	—	—	—	—	—	—
心理感受（从低到高）	中国香港	4.27	4.34	7.553	0.006	-2.713	411.000	0.007	-0.159	0.059
	新加坡	4.17	4.40	—	—	-2.704	392.433	0.007	-0.159	0.059
	汇总	4.19	4.35	—	—	—	—	—	—	—
视觉感知（从低到高）	中国香港	4.43	4.55	0.097	0.755	-3.355	411.000	0.001**	-0.182	0.054
	新加坡	4.37	4.67	—	—	-3.364	402.035	0.001	-0.182	0.054
	汇总	4.38	4.56	—	—	—	—	—	—	—
景观美学（从低到高）	中国香港	4.43	4.49	0.321	0.571	-2.939	411.000	0.003**	-0.163	0.055
	新加坡	4.33	4.67	—	—	-2.947	402.036	0.003	-0.163	0.055
	汇总	4.34	4.51	—	—	—	—	—	—	—
听觉感知（从低到高）	中国香港	4.27	4.40	0.621	0.431	-3.017	411.000	0.003**	-0.199	0.066
	新加坡	4.19	4.40	—	—	-3.029	403.785	0.003	-0.199	0.066
	汇总	4.20	4.40	—	—	—	—	—	—	—
嗅觉感知（从低到高）	中国香港	4.07	4.02	1.386	0.240	0.433	411.000	0.665	0.033	0.076
	新加坡	4.05	4.00	—	—	0.428	374.781	0.669	0.033	0.077
	汇总	4.05	4.02	—	—	—	—	—	—	—

影响因子	类别	混合通风模式（N=225）均值	空调通风模式（N=188）均值	Levene方差齐性检验		均值相等的T检验				
				F	显著性水平	T检验	df	显著性水平	平均差值	标准误差
触觉感知（从低到高）	中国香港	4.13	4.04	0.000	0.995	-2.003	411.000	0.046*	-0.154	0.077
	新加坡	3.88	4.40	—	—	-1.998	393.870	0.046	-0.154	0.077
	汇总	3.92	4.07	—	0.088	—	—	—	—	—
味觉感知（从低到高）	中国香港	4.17	4.05	2.929	—	-0.393	411.000	0.694	-0.029	0.074
	新加坡	3.99	4.00	—	—	-0.390	384.249	0.697	-0.029	0.075
	汇总	4.01	4.04	—	—	—	—	—	—	—
热舒适度（从低到高）	中国香港	4.10	3.97	0.003	0.953	3.089	411.000	0.002**	0.226	0.073
	新加坡	4.25	4.47	—	—	3.062	382.364	0.002	0.226	0.074
	汇总	4.23	4.01	—	—	—	—	—	—	—
冥想和放松（从低到高）	中国香港	4.30	4.38	0.820	0.366	-2.207	411.000	0.028*	-0.141	0.064
	新加坡	4.25	4.60	—	—	-2.210	399.994	0.028	-0.141	0.064
	汇总	4.26	4.40	—	—	—	—	—	—	—
疗愈效果（从低到高）	中国香港	4.33	4.33	4.642	0.032	-2.813	411.000	0.005**	-0.180	0.064
	新加坡	4.13	4.40	—	—	-2.808	394.838	0.005	-0.180	0.064
	汇总	4.16	4.34	—	—	—	—	—	—	—
疗愈需求（从低到高）	中国香港	4.20	4.21	4.089	0.044	-3.014	411.000	0.003**	-0.221	0.073
	新加坡	3.95	4.20	—	—	-3.019	400.264	0.003	-0.221	0.073
	汇总	3.99	4.21	—	—	—	—	—	—	—

*：显著性水平为0.05（双尾）
**：显著性水平为0.01（双尾）

第 7 章

健康感知的相关性研究

健康感知的相关性研究是一种统计运算法则，旨在探索成对变量之间是否存在相关关系以及相关关系的强弱。相关关系揭示了一个变量的变化与另一个变量的类似变化相一致，相关指数r的效应大小分为小（0.1）、中（0.3）和大（0.5），其显著性P值设定在0.05的水平。本章所选变量包括两个方面：客观环境评价和受访者感知评价，采用了皮尔逊相关和斯皮尔曼等级相关来研究上述变量之间可能存在的相互关系。

7.1 建成环境的相关性分析

7.1.1 场地几何参数分析

根据在中国香港和新加坡的现场测量，与太阳辐射相关的几何参数包括天空可视因子（SVF）、总体场地系数（TSF）、高宽比（H/W）、主导遮阳方位（MSO）、树冠可视因子（TVF）、绿地容积率（GnPR）以及空间位置（ASL）。根据文献研究，TSF是场地几何（即建筑物和/或树木）、太阳轨迹、太阳辐射强度和时间等方面的综合参数，是决定亚热带气候区日间城市热岛效应变化最稳健、最稳定的变量。虽然亚热带和热带的气象特征有很大差异，但中国香港和新加坡的夏季太阳辐射获取机制类似。因此，在选定的案例中，TSF值被指定为微气候条件下热舒适度的基本评价。

根据第4.3节和第5.3节所述的现场测量，对选定案例的室外绿地中的测量点位数据进行统计分析。由于MSO和ASL变量属于非参数变量，其分布为非正态分布，且未在区间水平上进行测量，因此采用斯皮尔曼等级相关来验证所选变量之间是否存在线性相关关系。主导遮阳方位（MSO）包括南北方向（NSP）、东西方向（EWD）、四周围合（EE）和总体暴露。空间位置（ASL）分为地面层、裙楼层（PL）和屋顶层（RL）。MSO和ASL被记录为虚拟变量，其中总体暴露和地面层被选为基线变量，编码为0。斯皮尔曼等级相关分析的详情见表7.1-1。

结果表明，SVF、RL二者与TSF呈正相关，而TVF、GnPR、H/W、EE与TSF呈负相关。首先，SVF与TSF密切相关（r=0.928），这说明暴露在阳光下的时间越长，获得的太阳辐射就越多。前人研究表明，太阳辐射是导致空气温度的最重要因素，城市建成环境设计能够通过控制太阳辐射的获取来调节室外热舒适度（Oke，1981；Yang，2009）。SVF是一个无量纲参数，用于表示在给定位置的任

选定案例中场地配置之间的相关性汇总（N=39） 表7.1-1

研究变量	TSF	SVF	TVF	GnPR	H/W	NSD	EWD	EE	PL	RL
总体场地系数（TSF）	1	0.928**	−0.656**	−0.682**	−0.469**	0.103	0.065	−0.477**	0.242	0.524**
天空可视因子（SVF）		1	−0.586**	−0.665**	−0.495**	0.014	0.185	−0.542**	0.275	0.486**
树冠可视因子（TVF）			1	0.951**	0.130	−0.027	−0.153	0.429**	−0.166	−0.385*
绿地容积率（GnPR）				1	0.219	0.068	−0.228	0.472**	−0.122	−0.434**
高宽比（H/W）					1	−0.003	0.051	0.170	0.102	−0.496**
遮阳南北方向（NSD）						1	−0.657**	−0.210	0.351*	−0.234
遮阳东西方向（EWD）							1	−0.460**	−0.137	0.067
四周围合（EE）								1	−0.127	−0.164
裙楼层（PL）									1	−0.319*
屋顶层（RL）										1

*：显著性水平为0.05（双尾）
**：显著性水平为0.01（双尾）

何一点上，被开阔天空占据一半的范围。通常情况下，较高的SVF会使白天的气温升高，因为较大的树冠展开度会使更多的太阳辐射直接进入建成环境的地面。虽然太阳辐射穿透的百分比并不仅由SVF值决定，但在树冠几何布局的协同作用下，它是在夏季减少天空照射以提高室外热舒适度最有效方法。RL与SVF也呈正相关。在这项调查中，较高位置（即裙楼和屋顶）的遮阳效果比地面弱，这导致天空可视因子较高。RL与GnPR呈负相关，这是由于受到空中种植技术的限制。因此，屋顶层比地面层获得更多TSF的概率更高。

TVF与TSF呈明显负相关（r=−0.656），这表明树冠可视因子越高，通过遮阳树冠获得的太阳辐射越少。GnPR与TVF强烈相关（r=0.951），与TSF负相关（r=−0.682）。很明显，绿地容积率（GnPR）将对本次调查的TSF产生重大影响。高宽比（H/W）是一个重要变量，可说明每个地点建成环境的遮阳效果。在本次调查中，主导遮阳方位的高宽比与*TSF*呈负相关（r=-0.469）。因此，建成环境的高宽比越高，*TSF*从遮阳效果中获得的收益就越低。此外，四周围合（*EE*）与*TSF*呈负相关（r=-0.477），而根据调查，南北方向和东西方向与*TSF*没有显著的相互关系。这一现象可能是由于中国香港和新加坡在不同月份的不同太阳轨迹造成的。

7.1.2　微气候指标差异的案例评估

微气候指标可根据建成环境的几何参数和综合气候学进行评估。在本研究中，微气候指标包括空气温度（*TA*）、相对湿度（*RH*）和风速（*WV*），这些指标对人体热舒适度有显著影响。微气候指标和几何参数的测量是同步进行的。由于现场测量的时间有限，笔者从实地观察和结构式访谈中为每个案例选取了一个具有代表性的、受访者到访频率相对较高的地点进行数据分析（图7.1-1～图7.1-14）。为协调各案例之间的差异，微气候指标差异以实时测量的平均值与中国香港和新加坡授权气象站发布的日平均记录之间的差值来表示（Xue et al.，2017a）。每个案例的实时测量值均选自典型夏日的高峰时段（即中午至下午），而相同日期的参考数据则分别来自当地气象部门。

图7.1-1　办公楼1的绿色开放空间

图7.1-2　办公楼2的绿色开放空间

图7.1-3　办公楼3的绿色开放空间

图7.1-4　办公楼4的绿色开放空间

图7.1-5 科研楼1的绿色开放空间

图7.1-6 科研楼2的绿色开放空间

图7.1-7 科研楼3的绿色开放空间

图7.1-8 办公楼5的绿色开放空间

图7.1-9 办公楼6的绿色开放空间

图7.1-10 办公楼7的绿色开放空间

图7.1-11 办公楼8的绿色开放空间

图7.1-12 科研楼4的绿色开放空间

图7.1-13　科研楼5的绿色开放空间　　　　　图7.1-14　科研楼6的绿色开放空间

　　场地配置指标选自各场地的几何参数，即总体场地系数（*TSF*）、天空可视因子（*SVF*）、树冠可视因子（*TVF*）和绿地容积率（*GnPR*）。太阳辐射是影响室外气温的最重要因素，尤其是受天空林冠所调控的*TSF*和*SVF*的构造影响。*TVF*和*GnPR*是影响热舒适度的重要植被因素，可量化现场树冠覆盖状况和平均叶面积指数（Ong，2003；Yang et al.，2011）。此外，*SVF*和*TVF*、*GnPR*也是影响个人环境偏好和压力恢复的重要空间特征（Xue et al.，2016a）（表7.1-2）。

选定的实时微气候指标和场地几何参数的测量值　　　　表7.1-2

组别	序号	案例	现场测量与气象数据差值			场地几何参数			
			TA（℃）	*RH*（%）	*WV*（m/s）	*TSF*（%）	*SVF*（%）	*TVF*（%）	*GnPR*
中国香港	1	办公楼1	1.79	−10.97	−0.92	47.22	34.82	38.42	0.79
	2	办公楼2	2.29	−7.61	−0.90	46.01	21.61	36.89	0.4
	3	办公楼3	3.37	−14.66	−0.88	80.34	61.87	12.46	0.12
	4	办公楼4	2.77	−8.12	−0.98	79.8	36.92	18.19	0.15
	5	科研楼1	0.39	−8.26	−1.17	7.97	10.53	82.32	2.35
	6	科研楼2	−0.12	0.00	−1.52	55.71	10.02	11.38	0.26
	7	科研楼3	1.91	−2.39	−0.87	80.63	54.93	17.92	0.2
新加坡	8	办公楼5	2.33	−15.53	−1.34	67.88	42.21	2.24	0.01
	9	办公楼6	2.43	−9.25	−2.26	65.09	35.69	44.15	0.64
	10	办公楼7	0.48	−4.71	−0.65	5.36	7.78	84.41	3.25
	11	办公楼8	2.17	−10.05	−0.81	85.28	54.57	10.29	0.15
	12	科研楼4	2.32	−8.06	−0.71	63.78	27.4	30.02	0.35
	13	科研楼5	2.81	−11.24	−0.58	99.78	86.32	6.64	0.05
	14	科研楼6	2.81	−10.85	−0.98	92.15	70.78	8.7	0.05

　　根据微气候指标的计算得出，实时数据与日平均数据之间的平衡在气温（*TA*）、相对湿度（*RH*）和风速（*WV*）方面存在差异。气温差异显示，夏季气温高峰时段的实测数据明显高于当地观测站发布的日平均气温，只有少数例外情况是由于建成环境决定的。测量所得，办公楼3和科研楼5的*TA*差值绝对值较大，而科研楼1和科研楼2的差值较小。具体来看，科研楼2的中央庭院和科研楼1的百合池场地被建筑综合体和绿化树冠所包围，从而避免了长时间暴露在太阳辐射下。此外，科研楼2的中央庭院面向海滨景观，*TA*值略低于日平均值。办公楼3的海岸广场和科研楼5的屋顶花园直接面向太阳，没有有效的遮阳设备，导致气温显著升高。其次，所选地点的实时*WV*测量值低于位于无遮挡空地的观测站数据。由于风速是波动的，受建成环境的物理形态影响很大，实时测量值与区域观测站的日平均值之间的差值可能因地而异。在本次调查中，科研楼5屋顶花园和办公楼7 4号点的日平均值相当，而科研楼2的中央庭院和办公楼6的街心花园与其他场地相比差距较大。最后，高峰时段的*RH*低于日平均值。*RH*差值较高的地点是办公楼3的海岸广场和办公楼5的2号点，而差值最低的地点是靠近海滨的科研楼2、科研楼3和办公楼7。露天广场和屋顶花园的日照所产生的蒸发效应可能会降低高峰时段的*RH*，而海滨则可能会增加空气中的相对湿度。

　　图7.1-15、图7.1-16展示了场地几何参数配置的分析结果。根据测量的场地

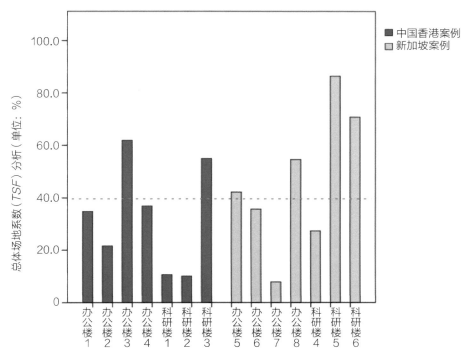

图7.1-15　中国香港和新加坡选定场地的天空可视因子（*SVF*）和总体场地系数（*TSF*）

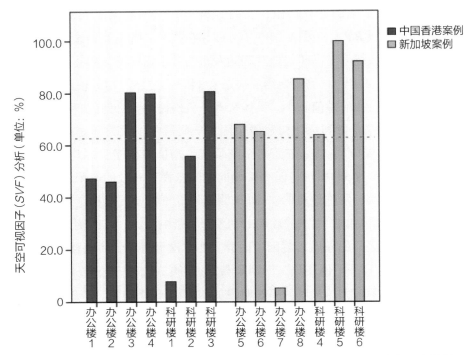

图7.1-15　中国香港和新加坡选定场地的天空可视因子（*SVF*）和总体场地系数（*TSF*）（续）

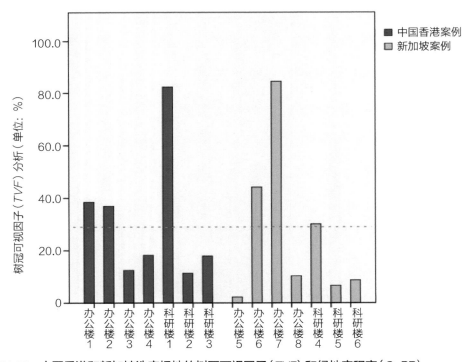

图7.1-16　中国香港和新加坡选定场地的树冠可视因子（*TVF*）和绿地容积率（*GnPR*）

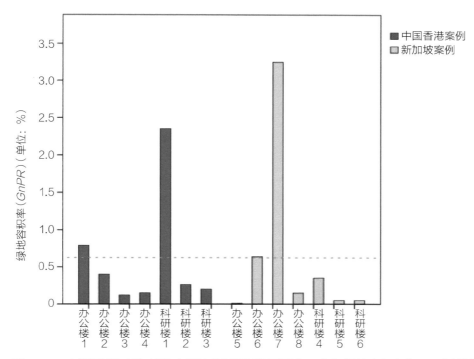

图7.1-16 中国香港和新加坡选定场地的树冠可视因子（*TVF*）和绿地容积率（*GnPR*）（续）

几何参数数据分析，位于裙楼层或屋顶层的地块的天空可视因子（*SVF*）和总体场地系数（*TSF*）明显高于位于地面层的地块。例如，科研楼5和科研楼6的屋顶花园常年暴露在阳光下，白天的*SVF*和*TSF*最高。此外，科研楼1和办公楼7的花园受到树冠的良好遮蔽，遮挡了90%以上的太阳辐射。*TVF*和*GnPR*的数据与树木覆盖率和绿化密度有关。与其他场地相比，办公楼7和科研楼1的场地录得的*TVF*值和*GnPR*值最高，而科研楼5和办公楼5的场地录得的*TVF*值和*GnPR*值则最低。

根据前文研究，场地配置可能会影响气候指标实时数据的数值。因此，物理环境与微气候差异之间存在一定的相互关系。本节采用了皮尔逊相关来研究建成环境变量与实时测量的热舒适度是否相关以及相关程度如何。各变量之间的相关关系见表7.1-3。

微气候指标差异与场地配置之间的相关性分析　　　表7.1-3

变量	总体场地系数（*TSF*）	天空可视因子（*SVF*）	树冠可视因子（*TVF*）	绿地容积率（*GnPR*）
温度差值（Δ*TA*）	0.561**	0.591**	−0.499**	−0.557**
风速差值（Δ*WV*）	0.014	0.085*	−0.016	0.061

续表

变量	总体场地系数 （TSF）	天空可视因子 （SVF）	树冠可视因子 （TVF）	绿地容积率 （GnPR）
相对湿度差值（ΔRH）	−0.207**	−0.308**	0.178**	0.131**

*：显著性水平为0.05（双尾）

**：显著性水平为0.01（双尾）

　　根据场地配置与微气候指标差异之间的相互关系分析，ΔTA与TSF、SVF、TVF和$GnPR$显著相关，且效应大小较大（r≈0.5）。结果表明，ΔTA与天空可视因子（SVF）和总体场地系数（TSF）呈正相关，而与树冠可视因子（TVF）和绿地容积率（$GnPR$）呈负相关。ΔRH值与所有选定的场地几何参数也有显著相关性，但影响程度从小（r=0.1）到中等（r=0.3）不等。其中，ΔRH与树冠可视因子（TVF）和绿地容积率（$GnPR$）呈正相关，而与可见天空可视因子（SVF）和总体场地系数（TSF）呈负相关。ΔWV值与SVF之间的相关性很弱（r=0.085），其他场地几何参数与ΔWV之间没有明显的相关性。

7.2　健康感知的相关性分析

7.2.1　健康感知的总体分析

　　根据前文分析，健康感知变量包括个人情感、感官评价和疗愈感知三个类别。具体来说，个人情感包括生理感受和心理感受；感官认知包括五感及其衍生评价；疗愈感知是指对疗愈效果和疗愈需求的评价。本节通过区间数据的抽样正态分布，采用皮尔逊相关来研究健康感知变量之间是否存在相关以及相关程度如何。表7.2-1列出了皮尔逊相关分析的结果，可以看出所有指标之间都有明显的相关性且均为正相关。

总体疗愈感知要素相关性分析汇总（N=413）　　　　表7.2-1

	PF	PP	VC	LA	AP	OP	HP	GP	TC	MR	HE	HR
PF	1	0.782**	0.477**	0.444**	0.384**	0.317**	0.336**	0.311**	0.110*	0.408**	0.447**	0.392**
PP		1	0.463**	0.440**	0.385**	0.314**	0.310**	0.292**	0.099*	0.384**	0.428**	0.362**
VC			1	0.718**	0.586**	0.441**	0.426**	0.389**	0.172**	0.519**	0.500**	0.422**
LA				1	0.572**	0.469**	0.498**	0.413**	0.206**	0.491**	0.527**	0.469**
AP					1	0.557**	0.480**	0.445**	0.196**	0.412**	0.451**	0.416**

续表

	PF	*PP*	*VC*	*LA*	*AP*	*OP*	*HP*	*GP*	*TC*	*MR*	*HE*	*HR*
OP						1	0.503**	0.532**	0.216**	0.352**	0.464**	0.400**
HP							1	0.544**	0.316**	0.335**	0.461**	0.452**
GP								1	0.240**	0.350**	0.418**	0.371**
TC									1	0.249**	0.226**	0.219**
MR										1	0.633**	0.486**
HE											1	0.615**
HR												1

*：显著性水平为0.05（双尾）
**：显著性水平为0.01（双尾）
注：*PF*（生理感受）；*PP*（心理感受）；*VC*（视觉感知）；*LA*（景观美学）；*AP*（听觉感知）；*OP*（嗅觉感知）；*HP*（触觉感知）；*GP*（味觉感知）；*TC*（热舒适度）；*MR*（冥想和放松）；*HE*（疗愈效果）；*HR*（疗愈需求）

首先，生理感受和心理感受是个人对绿地评价的情感归因。从数据分析来看，生理感受和心理感受的评价高度相关（r=0.782），表明人的生理和心理之间存在显著的协同反应。个人的生理和心理感受与感官评价，以及疗愈效果和疗愈需求之间存在中等相关性。然而，个人情感与热舒适度之间的相关性很弱（r<0.20），这反映出热舒适度对室外绿地整体感知的影响有限。

其次，感官认知的所有变量之间都是正相关的。格式塔心理学认为，视觉感知是知觉的基础，视觉代表了知觉对物理世界关系的直接反应。然而，詹姆斯·吉布森（James J. Gibson）认为，感知本质上是一种主观的自我贡献，它超越了刺激，增强了感觉。这些主观反馈来自人类对空间世界反应的另一种感官刺激。因此，视觉感知、景观美学和来自自然环境的听觉感知相互之间具有显著的效应大小（r>0.5）。换句话说，鸟叫声和风声可以增强人们对自然景物之美的感知。其他感官感知包括嗅觉、触觉和味觉也有很强的正相关性（r>0.5）。同样，植物的芬芳气味和香味也能增强人们对自然环境中不同质感的感受。特别是与其他感官刺激相比，热舒适感与触觉感知有更强的相关性（r=0.316）。自然空间带来的冥想和放松与视觉感知、景观美学的相关性高于其他感觉。

最后，本节调查中的疗愈效果是指人们对周围绿地在日常生活中作为疗愈空间以促进健康的认可程度。笔者注意到，影响较大的感官指标包括视觉感知（r=0.5）、景观美学（r=0.527）以及冥想和放松（r=0.633）。这一发现有力地验证了之前的环境心理学研究，即通过视觉感知或置身于自然中，人类可以从自然空间中得到恢复。然而，疗愈需求与感觉刺激之间的相关性略低。这可能是因为疗愈需求并非对所有人群都适用。虽然绿地中的疗愈效果与疗愈需求的一致性密切相关（r=0.615），但日常生活中对疗愈空间的需求取决于其他条件。

7.2.2 健康感知的案例评价

本节比较了中国香港和新加坡选定案例的健康感知平均值（表7.2-2）。首先，来自科研楼1的受访者对生理感受和心理感受的评价最高，办公楼4的评价排名第二，而来自科研楼5的受访者对生理感受和心理感受的评价最低。其次，来自科研楼1、科研楼2和办公楼4的受访者在视觉感知、景观美学和听觉感知方面的评价名列前三。然而，上述三项指标中评价较低的受访者差异较大：来自科研楼6的受访者对视觉感知和景观美学的评价最低，而来自办公楼7的受访者对听觉感知的评价最低。再次，来自办公楼4和办公楼6的受访者分别对嗅觉感知和触觉感知的评价最高，而来自办公楼3和办公楼2的受访者分别对嗅觉和触觉感知的评价最低；来自科研楼1的受访者对味觉感知的评价最高，而来自办公楼8的受访者对此评价最低。此外，来自办公楼5和科研楼6的受访者对户外空间热舒适度的关

中国香港和新加坡案例的健康感知平均值　　　　表7.2-2

城市	编号	案例列表	PF	PP	VC	LA	AP	OP	HP	GP	TC	MR	HE	HR
中国香港	1	办公楼1	4.29	4.29	4.55	4.32	4.26	3.90	4.10	4.03	4.10	4.23	4.26	4.16
	2	办公楼2	4.23	4.31	4.46	4.38	4.38	3.88	3.69	3.85	3.81	4.38	4.23	3.96
	3	办公楼3	4.10	4.17	4.41	4.45	4.21	3.83	3.97	3.83	3.76	4.28	4.17	4.14
	4	办公楼4	4.33	4.47	4.60	4.60	4.47	4.20	4.07	4.20	3.93	4.67	4.60	4.53
	5	科研楼1	4.50	4.53	4.69	4.66	4.56	4.16	4.19	4.25	4.22	4.50	4.59	4.44
	6	科研楼2	4.28	4.33	4.60	4.55	4.50	4.15	4.15	4.13	3.93	4.38	4.25	4.15
	7	科研楼3	4.23	4.27	4.43	4.43	4.27	4.07	4.13	4.17	4.10	4.30	4.33	4.20
新加坡	8	办公楼5	4.00	4.20	4.42	4.31	4.20	4.00	3.91	4.13	4.58	4.18	4.02	3.82
	9	办公楼6	4.20	4.25	4.45	4.50	4.15	3.90	4.20	3.95	4.20	4.50	4.30	4.15
	10	办公楼7	4.15	4.19	4.37	4.30	4.07	4.11	3.81	3.96	4.04	4.19	4.22	4.00
	11	办公楼8	4.17	4.22	4.56	4.33	4.17	4.00	3.94	3.78	4.11	4.22	4.17	3.89
	12	科研楼4	4.16	4.31	4.50	4.44	4.38	4.00	3.69	4.03	4.22	4.50	4.19	4.19
	13	科研楼5	3.91	4.03	4.31	4.40	4.14	4.14	3.94	3.91	4.11	4.20	4.09	3.86
	14	科研楼6	4.24	4.18	4.24	4.24	4.27	4.09	4.03	4.00	4.36	4.24	4.18	4.00

注：PF（生理感受）；PP（心理感受）；VC（视觉感知）；LA（景观美学）；AP（听觉感知）；OP（嗅觉感知）；HP（触觉感知）；GP（味觉感知）；TC（热舒适度）；MR（冥想和放松）；HE（疗愈效果）；HR（疗愈需求）

注度名列前茅，而来自办公楼2和办公楼3的受访者对此关注度偏低；办公楼4的受访者对户外绿化空间的冥想和放松的评价最高，而办公楼5的受访者则评价最低。最后，来自办公楼4和科研楼1的受访者对疗愈效果和疗愈需求的评价排名靠前，而来自科研楼5和办公楼5的受访者的评价较低。

根据前文的分析，在案例评估中，个人情感与疗愈感知之间存在一定的潜在模式。本节采用皮尔逊相关系数来研究各变量在组内单位的均值之间是否存在相关性以及相关程度（表7.2-3）。

组间比较中个人情感评分与疗愈感知之间的
相关性汇总（受访者：N=413；案例：N=14）　　表7.2-3

个人情感因子	疗愈效果（HE）	疗愈需求（HR）
生理感受（PF）	0.819**	0.708**
心理感受（PP）	0.760**	0.701**

**：显著性水平为0.01（双尾）

首先，受访者对室外绿地的个人情感与疗愈效果呈正相关。这种关系传递了实证研究中的观点，即生理感受或心理感受评分越高，从目标环境中获得的疗愈感知就越有效。在本研究中，来自科研楼1和办公楼4的受访者对生理感受和心理感受的评价名列前茅，他们在疗愈效果的反馈也是较优的。相反，来自科研楼5的受访者对生理感受和心理感受的评价最低，他们反馈的疗愈效果评价也最低。其次，本次调查中个人情感与疗愈需求之间的相互关系与疗愈效果评价相似，即科研楼1和办公楼4的受访者对疗愈需求的评价较高，而科研楼5的受访者对疗愈需求的评价最低。该结果也印证了第7.2.1节中讨论的相互关系，即疗愈效果与疗愈需求呈高度正相关（r=0.615**）。因此，在工作场所周围的绿地中评估的疗愈效果越高，受访者对疗愈需求的倾向性可能就越高。

根据前文的分析，案例评估中的感官评价与疗愈感知之间存在潜在的规律。笔者采用了皮尔逊相关系数来研究组内感官变量的平均值是否与疗愈感知相关以及相关程度如何（表7.2-4）。结果表明，除嗅觉感知和热舒适度外，所有其他感官评价均与疗愈效果和疗愈需求这两个主要疗愈感知显著相关（r>0.50）。

首先，在案例分析中，对户外绿地的视觉感知（VC）的评价与疗愈感知呈正相关。在本次调查中，来自科研楼1、科研楼2和办公楼4的受访者对VC的评价名列前茅，这与他们对疗愈感知的评价相一致。此外，来自科研楼5的受访者对VC的评价较低，这与他们对应的疗愈感知评价相一致。不同的是，来自科研楼6

组间比较中感官评价与疗愈感知之间的
相关性汇总（受访者：N=413；病例：N=14）   表7.2-4

感官认知	疗愈效果（HE）	疗愈需求（HR）
视觉感知（VC）	0.601*	0.574*
景观美学（LA）	0.581*	0.659*
听觉感知（AP）	0.551*	0.632*
嗅觉感知（OP）	0.330	0.318
触觉感知（HP）	0.627*	0.547*
味觉感知（GP）	0.600*	0.661*
热舒适度（TC）	−0.244	−0.152
冥想和放松（MR）	0.732**	0.776**

*：显著性水平为0.05（双尾）
**：显著性水平为0.01（双尾）

的受访者对VC的评价最低，但对疗愈效果和疗愈需求的评价排名中等偏低。其次，本研究证明受访者对景观美学（LA）和听觉感知（AP）的评价与疗愈感知呈正相关。来自科研楼1和办公楼4的受访者对LA的评价较高，而来自科研楼5的受访者对LA的评价较低，这与他们疗愈感知的评价相一致。此外，来自科研楼1的受访者对AP的评价最高，而来自科研楼5的受访者对AP的评价较低，这与他们对疗愈感知的评价呈现一致性。差异点在于，来自办公楼7的受访者对AP的评价最低，但对疗愈效果和疗愈需求的评价排名中等偏低。从案例评分得出，中国香港受访者对上述感官评价显著高于新加坡受访者，这与6.1节的对比分析相吻合。

其次，案例受访者的触觉感知（HP）、味觉感知（GP）评价与疗愈感知呈正相关。来自办公楼6和科研楼1的受访者对HP的评价名列前茅，而来自办公楼2和科研楼4的受访者对HP的评价最低，这与他们在疗愈感知评价的排序中具有一致性。在GP方面，来自科研楼1和办公楼4的受访者评价排名前列，而来自办公楼8的受访者评价最低，这与他们在疗愈感知评价的排序趋势相吻合。

最后，在所有感官评价中，室外绿地的冥想和放松（MR）评估与疗愈感知的相关性最高（r>0.7）。在本次调研中，来自办公楼4和科研楼1的受访者对MR给出了较高评价，这与他们对疗愈感知（包含效果和需求）的评分高度一致；而来自办公楼5受访者对MR给出的评价最低，他们对疗愈效果和疗愈需求评分排名一致。因此，MR可能是预测整体疗愈感知最有可信度的预测因子。

7.3　综合相关性评价

7.3.1　健康感知与场地配置

本节旨在探讨场地配置与受访者健康感知评价之间的潜在关系。根据前面的分析，选取的场地几何参数包括总体场地系数（*TSF*）、天空可视因子（*SVF*）、树冠可视因子（*TVF*）和绿地容积率（*GnPR*）。健康感知的代表变量包括生理感受（*PF*）、心理感受（*PP*）、疗愈效果（*HE*）和疗愈需求（*HR*）。表7.3-1列出了调研案例中场地几何参数的平均值。场地配置特征体现了室外绿地的整体环境品质。从科研楼2、科研楼5、科研楼6和办公楼1的记录可以看出，*TSF*和*SVF*的均值相对较高，而科研楼1和办公楼2的均值较低。与科研楼1和办公楼2被大树和高层建筑包围的室外环境相比，科研楼2、科研楼5、科研楼6和办公楼1周围的开放空间主要位于裙楼和屋顶，缺乏遮挡。*GnPR*显示，办公楼3、办公楼5、办公楼7和科研楼1的*GnPR*较高，而科研楼2、科研楼5、科研楼6的*GnPR*较低。采用皮尔逊相关来研究每种情况下的场地几何参数的平均值是否与所选的健康感知相关，以及相关程度如何（表7.3-2）。

中国香港和新加坡选定案例中场地几何参数的平均值　　表7.3-1

城市	编号	案例	场地几何参数的平均值			
			*TSF*_M（%）	*SVF*_M（%）	*TVF*_M（%）	*GnPR*_M
中国香港	1	办公楼1	71.43	43.11	18.46	0.41
	2	办公楼2	25.45	13.28	29.56	0.44
	3	办公楼3	50.22	36.49	53.19	1.07
	4	办公楼4	61.11	22.68	35.60	0.60
	5	科研楼1	26.63	18.61	43.69	1.20
	6	科研楼2	81.58	37.68	16.60	0.30
	7	科研楼3	59.63	46.19	31.61	0.51
新加坡	8	办公楼5	56.33	35.02	23.81	0.77
	9	办公楼6	65.09	35.69	44.15	0.64
	10	办公楼7	60.10	35.09	47.77	1.09
	11	办公楼8	57.74	33.55	25.15	0.53
	12	科研楼4	49.22	23.60	32.31	0.50
	13	科研楼5	99.87	90.30	4.61	0.03
	14	科研楼6	78.47	49.67	18.54	0.15

组间分析中场地配置参数的平均值与健康感知之间的

相关性汇总（受访者：N=413；案例：N=14） 表7.3-2

	PF_M	PP_M	HE_M	HR_M
TSF_M	−0.458	−0.580*	−0.361	−0.291
SVF_M	−0.614*	−0.742**	−0.455	−0.440
TVF_M	0.306	0.337	0.394	0.437
GnPR_M	0.280	0.364	0.332	0.329

*：显著性水平为0.05（双尾）
**：显著性水平为0.01（双尾）
注：TSF_M（总体场地系数均值）；SVF_M（天空可视因子均值）；TVF_M（树冠可视因子均值）；GnPR_M（绿地容积率均值）；PF_M（生理感受均值）；PP_M（心理感受均值）；HE_M（疗愈效果均值）；HR_M（疗愈需求均值）

首先，总体场地系数（TSF）的平均值与受访者心理感受（PP）的均值呈显著负相关（r=−0.580）。在本章中，来自科研楼1的受访者给出了最高的PP值，这与最低的TSF值相关。相反，来自科研楼5的受访者给出了最低的PP值，与最高的TSF值相关。TSF和PP之间的相互关系表明，在热带和亚热带地区，个人情感，尤其是心理感受，会受到夏季太阳辐射入射状况的负面影响。其次，天空可视因子（SVF）的平均值与生理感受（r=−0.614）和心理感受（r=−0.742）均呈强烈的负相关。因此，场地SVF值越高，在生理和心理感受方面获得的评价就越低。在本章中，笔者注意到科研楼1和办公楼4给出的SVF值相对较低，这与受访者在生理感受和心理感受方面的最高评价相关。然而，来自科研楼5的受访者则给出了最高的SVF值，这与最低的生理和心理感受评价相关联。与通过特定仪器测量的TSF不同，SVF是一个几何指标，受访者可以观察到。在一个紧凑的建成环境中，树木和建筑的遮阳效果将从生理和心理两个角度显著提升个人情感。该结果对热带和亚热带地区的绿地开放空间设计具有重要价值。

其他信息表明，场地配置与疗愈效果和疗愈需求之间没有直接联系。此外，在本章中，TVF、GnPR与健康感知也没有直接关联。不过，这一结果可能受到本研究样本量的限制，可能还有其他因素会影响场地几何参数对疗愈效果和需求的评估。

7.3.2 受访者偏好和建筑特征

本节旨在探讨建筑特征与受访者偏好之间的潜在关系。建筑特征变量包括建筑形态、与自然的视觉联系、建筑认证和通风模式。受访者偏好的代表变量选择了活动偏好类别，即茶歇/午休、社交、做体育锻炼和只是路过。笔者注意到，建筑形态、通风模式和有无建筑认证的特征在每个案例中都是一致的，只有与自然的视觉联系和活动偏好类别在每个受访者中存在差异。中国香港和新加坡有一半以上的案例是经过认证的绿色建筑，其中大部分是典型的建筑综合体，由底层裙楼和几座高层塔楼组成。中国香港约85%的案例仅采用空调通风，而新加坡超过85%的案例采用混合通风模式。窗景与自然联系的状况比较复杂，取决于建筑物的位置、朝向和室外空间的情况。除了茶歇/午休时间，中国香港和新加坡对在周围绿地进行其他活动的偏好也不尽相同。由于非参数变量的特点，笔者采用斯皮尔曼等级相关来研究建成环境的平均值与所选受访者偏好是否相关以及相关程度（表7.3-3）。表7.3-4总结了各案例中的建筑和活动偏好类别的特征。

组间分析中建筑特征平均值与受访者偏好之间的

相关性汇总（受访者：N=413；案例：N=14） 表7.3-3

建筑特征	茶歇/午休	社交	体育锻炼	仅路过
建筑形态	−0.683**	−0.072	0.000	0.036
通风模式	−0.053	0.585*	0.479	−0.656*
有无建筑认证	0.252	−0.072	0.251	−0.107
与自然的联系	0.551*	0.128	0.203	−0.097

*：显著性水平为0.05（双尾）
**：显著性水平为0.01（双尾）

中国香港和新加坡选定案例中的建筑和

活动偏好类别的特征 表7.3-4

城市	序号	案例	建筑特征				活动偏好			
			建筑形态[a]	通风模式[b]	有无建筑认证[c]	与自然的视觉联系[d]	茶歇/午休[e]	社交[e]	做体育锻炼[e]	只是路过[e]
中国香港	1	办公楼1	1	2	1	2.29	0.23	0.63	0.37	0.37
	2	办公楼2	1	2	1	2.19	0.14	0.29	0.06	0.60
	3	办公楼3	1	2	2	2.00	0.33	0.31	0.04	0.53
	4	办公楼4	2	2	2	2.60	0.09	0.39	0.06	0.85
	5	科研楼1	2	2	2	2.00	0.41	0.50	0.19	0.66
	6	科研楼2	1	2	1	1.98	0.33	0.80	0.18	0.30
	7	科研楼3	2	1	1	1.43	0.22	0.75	0.34	0.28

续表

城市	序号	案例	建筑特征				活动偏好			
			建筑形态[a]	通风模式[b]	有无建筑认证[c]	与自然的视觉联系[d]	茶歇/午休[e]	社交[e]	做体育锻炼[e]	只是路过[e]
新加坡	8	办公楼5	2	1	2	1.56	0.34	0.41	0.38	0.31
	9	办公楼6	1	2	2	2.45	0.27	0.81	0.15	0.38
	10	办公楼7	1	1	1	2.33	0.29	0.55	0.35	0.42
	11	办公楼8	1	1	1	2.33	0.50	0.11	0.00	0.56
	12	科研楼4	1	1	2	1.88	0.44	0.52	0.26	0.44
	13	科研楼5	2	1	1	1.51	0.40	0.35	0.10	0.55
	14	科研楼6	2	1	1	1.61	0.33	0.73	0.40	0.40

量表：a：1=建筑综合体，2=单体建筑；
　　　b：1=混合通风，2=空调通风；
　　　c：1=有绿建认证，2=无绿建认证；
　　　d：1=有联系，2=机动性，3=无联系；
　　　e：1=有，0=无

　　首先，建筑形态与在室外绿地茶歇/午休的偏好有明显的相关性（r=−0.683）。在本研究中，来自办公楼8、科研楼4、科研楼1和科研楼5的受访者对在室外绿地休息的偏好度较高，而来自办公楼1、科研楼3、办公楼2和办公楼4的受访者对在室外绿地休息的偏好度较低。值得注意的是，在建筑综合体工作的受访者比在单栋大楼工作的受访者更倾向于在室外茶歇或午休。建筑综合体通常设有平台广场、空中花园、屋顶绿化等，既美观又方便使用者在紧张的工作之余稍作休息。此外，单体建筑是位于紧凑型城市的独立塔楼，很少有机会在工作场所附近提供额外的绿化空间。因此，两者之间的相互关系表明，建筑形态会对用户的户外活动偏好产生重大影响。

　　其次，通风方式与户外社交偏好（r=−0.585）和路过偏好（r=−0.656）有明显关联。在本研究中，来自办公楼6、科研楼2、科研楼3和科研楼6的受访者喜欢与朋友/同事在户外绿地交流，而来自科研楼5、办公楼3、办公楼2和办公楼8的受访者则不喜欢在户外绿地交流。在没有自然通风的办公环境中工作的受访者希望在绿地中进行社交活动，以恢复身心和呼吸新鲜空气。根据第4章和第5章的结构式访谈，对通风类型的偏好与建成环境中的健康感知高度相关。受访者更喜欢自然通风的社交空间，因为可以欣赏到海景或城市绿地等美丽的自然景观，新鲜、卫生的气流带来更好的空气质量，更多的氧气可以保持清醒、提高工作效率。另外，来自办公楼4、科研楼1和办公楼2的受访者表示通勤时经过绿地的概率较高；而来自办公楼5、科研楼2和科研楼3的受访者则表示这种概率较低。

可以看出，在没有自然通风的办公环境中工作的受访者希望在室外绿地停留片刻，通过鸟叫声、风声、天气和时间的变化与大自然接触。总之，在空调环境工作的受访者比在混合通风模式下工作的受访者更珍惜自然空间的价值。因此，混合通风模式是一个重要指标，它决定了工作场所附近室外绿地的活动偏好。

最后，与自然的视觉联系情况与和户外绿地茶歇/午休的偏好也有明显相关性（r=0.551）。在本研究中，来自办公楼4和办公楼6的受访者表示与自然的视觉联系概率较高，而来自科研楼5和科研楼3的受访者则表示与自然的视觉联系概率较低。值得注意的是，与在有自然景观的办公室工作的受访者相比，在没有自然景观的工作台工作的受访者更倾向于在室外茶歇或午休。根据以往的研究，与自然的视觉联系对眼睛健康有很大的帮助，尤其是对现代工作环境中的电脑工作者。海景、山峦、树木、花园、野生动物等自然景观的配置可以减轻压力，使情绪更加积极，并提高注意力、从负面情绪和压力中恢复的速度。从"亲自然假说"的角度来看，通过与自然的视觉联系、与自然接触，可以促进人类的健康和幸福感。因此，在没有自然景观的办公室工作的人员会寻求室外绿地进行补偿。

第 8 章

总结与讨论

8.1 研究总结

8.1.1 研究目的与关键概念

众所周知，城市环境对人类的认知和行为有重大影响。现代环境心理学发现，自然环境在促进精神疲劳的恢复方面对人类健康有恢复性的益处（Hartig et al.，1991；Kaplan，1995；Maller et al.，2005）。大自然的"疗愈能力"可以通过个人的感觉和知觉缓解焦虑和抑郁（Minter，2005）。越来越多的指导原则和规定旨在从跨领域的角度提升城市设计品质。然而，从建成环境到健康促进可能没有直接的途径，因为对建成环境的感知也可能是使用者行为、健康和幸福感的一个重要因素（Ewing et al.，2009）。近几十年来，"疗愈花园"中的"疗愈"一词指的是缓解压力，以及环境舒缓和恢复人的精神和情绪健康的能力，而不是强调它们可以疗愈人的作用（Vapaa，2002）。因此，本研究中的疗愈空间已经从最初医疗保健中的医疗环境转向了社会、心理和情感健康的更广阔视野（Weiss et al.，2015），包括在日常环境中提供生理、心理和精神疗愈。

在紧凑的城市环境中，人们在疗愈空间中寻求喘息的机会。根据"注意力恢复理论"，人们会本能地从自然环境中寻求疗愈，而"远离"则是从恢复性环境中获得的代表性功效之一（Kaplan，1995）。此外，修复范式被定义为从日常生活需求中恢复生理、心理和社会资源的过程（Hartig，2007）。在本研究中，目标建筑类型被选定为工作场所；目标人群是那些在心理压力和负面物理环境下有可能生病的人。因此，疗愈空间应该是一种以天然植物、恢复性设施和优化的空间模式为基本组成的治疗环境，强调转移负面情绪和压力的核心能力，促进心灵恢复和情绪健康。

本研究的目的是调查热带和亚热带地区亚洲高密度建成环境中疗愈空间的一致性和差异性。研究还旨在验证客观建成环境与主观健康感知之间的相互关系。所选的目标案例毗邻绿地或开放空间，工作场所的使用者可以在这些地方休息并感受到恢复。研究结果集中于场地配置对人类健康的影响，这可以直接落实到战略建议和设计指南中（Sugiyama et al.，2007）。本论文的研究问题包括以下几点：是否有任何人口因素会影响目标案例中个人对健康感知的评价？是否有任何建成环境标准导致健康感知的差异？场地配置指标与个人感知之间有哪些潜在的相互关系？受访者的健康评价和疗愈感知之间有哪些隐性的相互关系？建成环境特征与个人选择偏好之间是否存在潜在关联？所有这些问题都将通过中国香港和新加坡所选案例的客观环境评估和健康评价进行研究。

8.1.2 研究方法

以往关于城市建成环境对人类健康影响的工具大致分为两种方法：一种是客观环境质量评估，另一种是主观自我报告调查。混合方法研究已被证明更适用于社会科学和健康科学的广泛学科。因此，本研究中的疗愈空间评估是在中国香港和新加坡的选定案例中，通过客观实地观察和主观调查的综合方法构建的。关键指标从城市建成环境、公共卫生、区域气象等相关领域中提取，其他补充指标则从当地文化和人口背景中选取。采用现场测量和自填问卷的定量研究方法，旨在通过统计变量之间的关系来检验不同建成环境中疗愈感知的差异（Creswell，2009）。此外，以实地观察和结构式访谈作为补充材料，用于定性解释定量研究可能无法识别或讨论的问题。这两种方法相辅相成，整体的可靠性和强度将高于单一的定性或定量方法（Creswell et al.，2007）。

数据调查工作分别在中国香港和新加坡进行，包括实地观察、现场测量、自填问卷调查以及结构式访谈。在每次正式进行现场调查前至少两周，笔者都会向目标机构发出邀请函，征求其同意并进行拍照调查，招募自填问卷和面对面访谈的对象等。获得相应机构的许可后，笔者便可与联络人预约，在约定的时间和地点实施调查。本研究在中国香港和新加坡共调查了14个案例，从选定的案例中收集了413份填写完整的有效问卷，其中203份来自中国香港，210份来自新加坡。此外，还进行了22次访谈，其中12次在中国香港进行，10次在新加坡进行。定量数据使用IBM SPSS统计软件23.0版进行处理和分析，定性数据则通过结构化分类和评估进行解释和分析。

8.1.3 重点结论

本研究对中国香港和新加坡高密度城市建成环境中疗愈空间的客观测量和主观评价进行了定量和定性研究。研究结果归纳为两部分：第一部分调查了一般数据分析中所有要素的人口统计信息和建成环境变量之间的比较关系；第二部分调查了一般数据分析和基于案例解释客观建成环境和受访者的主观评价之间的相互关系。

（1）差异性研究

第6章的差异性研究讨论了两个问题：①不同人口统计学背景的受访者对绿地评价的差异；②不同建成环境特征的受访者对绿地评价的差异。健康感知变量包括个人情感、感官评价和疗愈感知（表8.1-1）。

差异性研究的整体结果 表8.1-1

讨论类别		个人情感		感官评价								疗愈感知	
		PF	PP	VC	LA	AP	OP	HP	GP	TC	MR	HE	HR
人口统计信息	地区	√	√	√	√	√	—	—	—	√	√	√	√
	性别	—	—	—	—	—	—	—	—	—	—	—	—
	年龄	—	—	—	—	—	—	—	—	—	—	—	—
	受教育程度	—	—	—	—	—	—	—	—	—	—	—	—
	自评健康状况	√	√	—	—	—	—	—	—	—	—	—	—
建成环境特征	建筑类型	—	—	—	—	—	—	—	—	—	—	—	—
	建筑形态	—	—	—	—	—	—	—	—	√	—	—	—
	与自然的视觉联系	—	—	—	—	—	—	—	—	—	—	—	—
	是否有绿色建筑认证	—	—	—	—	—	—	—	—	√	√	—	—
	通风模式	—	—	√	√	√	—	—	√	√	√	√	√

注：√：健康评价受到所选变量的影响；
    —：健康评价不受所选变量的影响。
注：PF（生理感受）；PP（心理感受）；VC（视觉感知）；LA（景观美学）；OP（听觉感知）；OP（嗅觉感知）；HP（触觉感知）；GP（味觉感知）；TC（热舒适度）；MR（冥想和放松）；HE（疗愈效果）；HR（疗愈需求）

首先，通过地区差异、性别差异、年龄差距、受教育程度以及自评健康状况等指标，详细阐述了人口统计学特征。结果显示，地区差异中的健康评价与自评健康状况之间存在统计学差异。从地区差异的角度来看，中国香港受访者对绿地周围的生理感受和心理感知的评价高于新加坡受访者。同时，中国香港受访者对办公环境中与自然的视觉联系、景观美学和听觉刺激对人体健康益处的评价也高于新加坡受访者。此外，新加坡受访者认为遮阳设施对热舒适度的影响比中国香港受访者更重要。最显著的是，中国香港受访者对绿色空间的疗愈效果满意度较高，在日常生活中对疗愈空间的要求也较高。这清楚地表明，中国香港人比新加坡人更珍惜建成环境中的绿色空间和自然资源。

从自评健康状况的角度来看，不同健康状况的人群在生理感受和心理感受方面存在显著差异。与自评健康状况既非健康也非不健康的一般组相比，中国香港和新加坡的健康组对工作场所周边绿地的生理感受和心理感受都有更高的认知。这一结果表明，工作场所周围的绿地对人的生理和心理健康都有积极影响。此外，两组人的性别、年龄和受教育程度对健康评价的影响都不大。换句话说，无论受访者是男性还是女性、年轻还是年长、高中毕业还是研究生毕业，不同人群的健康感知都没有明显差异。

其次，利用建筑类型、建筑形态、与自然的视觉联系、是否有绿色建筑认证以及通风方式等变量分析了建成环境的差异。结果表明，所选的健康评价指标在建筑形态、是否有绿色建筑认证和通风模式方面存在明显差异。从建筑形态的角度来看，中国香港和新加坡的受访者对单体建筑室外空间遮阳效果的关注度均高于建筑综合体。这一结果表明了两点：建筑综合体的室外热舒适度质量高于单体建筑；单体建筑的室外空间到访意向明显高于建筑综合体。根据第4.4.3节和第5.4.3节中讨论的受访者偏好，中国香港和新加坡受访者最关心的室外绿地的出行阻碍都是天气状况。由此可以推断，在热带和亚热带气候条件下，热舒适度是影响户外绿地环境感知的关键因素之一。

从是否有绿色建筑认证的角度来看，非认证建筑的受访者比认证绿色建筑的受访者更关注热舒适度以及冥想和放松的意义。结果表明，通过认证的绿色建筑的整体建成环境质量明显高于未通过认证的建筑。此外，与经认证的绿色建筑相比，未经过认证的建筑中受访者表达了更高的疗愈效果和疗愈需求。然而，两组受访者在其他健康感知方面并无明显差异。

从通风模式的角度来看，在中国香港和新加坡，空调组对周围绿地的个人情感评价均高于混合通风组。此外，与混合通风组相比，空调组认为与自然的视觉联系、景观美学、听觉感知、触觉感知，以及冥想和放松对人体健康的益处更高。然而，混合通风组的受访者认为遮阳对热舒适度的影响比空调组更重要。最重要的是，与混合通风组相比，空调组对绿地的疗愈效果表现出更高的满意度，并在日常生活中提出了更高的疗愈需求。

（2）相关性研究

第7章讨论了相关性分析的三个问题：①场地配置和微气候指标变量之间的潜在相互关系；②以健康为导向的评价变量之间的相关性；③客观建成环境和人类主观评价之间的相互关系。图8.1-1总结了人类感知、建筑特征和室外场地配置的总体相关性。

首先，场地配置变量与微气候指标之间存在明显的相互关系。根据场地几何参数与总体场地系数（TSF）指标之间的相关性分析，天空可视因子（SVF）、空间位置（ASL）与总体场地系数（TSF）呈正相关，而树冠可视因子（TVF）、绿地容积率（GnPR）、高宽比（H/W）和主导遮阳方位（MSO）分别与总体场地系数（TSF）呈负相关。SVF指的是天空开阔程度，它影响夏季室外温度的变化。因此，调整顶棚的几何布局是减少天空暴露并相应提高热舒适度的有效方法。ASL与TSF也呈正相关，因为开放空间的高度越高（即平台和屋顶），暴露在日照

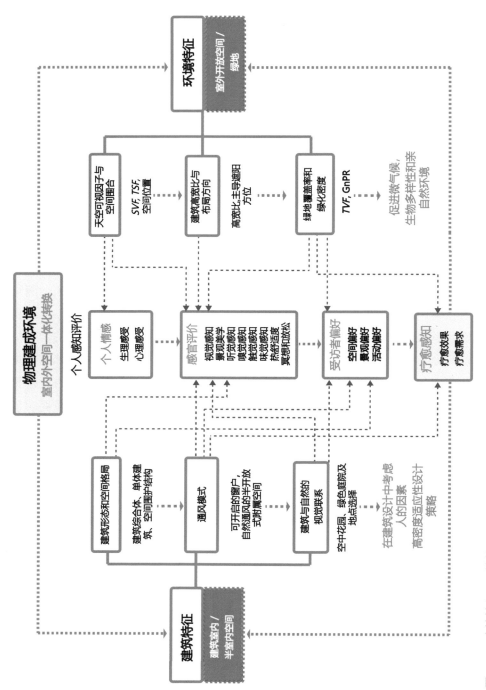

图8.1-1　建筑特征、环境特征与受访者感知的总体相关性

下的程度越高。*TVF*和*GnPR*代表了场地绿化的覆盖范围和密度，有助于阻断阳光的照射。*H/W*在高密度建成环境中起到遮阳作用。*MSO*反映了太阳轨迹的阻挡效果，在夏季与*TSF*呈负相关。由于中国香港和新加坡处于不同的气候带，太阳轨迹不同，因此两地的有效遮阳方向也不同。

此外，研究还证实了在随机夏日中，每个案例的地点配置与所选地点微气候差异之间的线性相关关系。结果表明，温度差值（*ΔTA*）、天空可视因子（*SVF*）和总体场地系数（*TSF*）呈正相关，而与树冠可视因子（*TVF*）和绿地容积率（*GnPR*）呈负相关。在夏季的高峰时段，暴露在露天下会增加热辐射，而树木和植物的遮阳效果则有利于减轻热辐射。一般来说，*SVF*和*TSF*值最低的样本测得的*TAD*值也最低，反之亦然。相反，*TVF*和*GnPR*值最高的样本，*ΔTA*值也最低，反之亦然。由于调查的局限性，场地配置与风速、相对湿度的变化之间没有明显的相关性。

其次，健康评价变量与受访者偏好之间存在全面的相互关系。总体而言，健康评价指标之间存在明显的正相关。生理感受与心理感受之间的明显相关性揭示了人的生理与心理之间的显著协同反应。此外，与自然的视觉联系、景观美学和听觉感知密切相关，而嗅觉、触觉和味觉则高度相关。此外，与其他感官评价相比，疗愈效果评估和与自然的视觉联系、景观美学、冥想和放松的相关性更高。这一发现验证了人类可以通过与自然的视觉联系或置身于自然中来感受身心恢复。随后，对14个案例的数据收集结果进行了分组和分析。在这项研究中，对生理感受和心理感受的较高评价，与较高的疗愈值和要求密切相关。除嗅觉和热舒适度外，所有感官评价都与疗愈感知的评价呈正线性关系。

接下来，本研究探讨了受访者偏好、个人情感和疗愈感知之间的相关性。结果表明，喜欢树木/森林、植物和水体的受访者对绿地中的疗愈感知有更高的认知概率。雕塑/凉棚和长凳/椅子等人造物品与疗愈感知没有显著相关性。天气条件的差异可能会对受访者产生轻微的负面心理影响，而场地管理质量可能会对疗愈感知产生轻微影响。不过，在本次调查中，时间/日程安排、场地设施和项目与疗愈感知没有明显的相互关系。喜欢在户外绿地进行社交活动或做体育锻炼的受访者对疗愈感知的评价较高。然而，喜欢只是路过的受访者的评价则相应较低。

第三个问题阐述了客观建成环境评估与个人主观评价之间的相互关系。场地配置和建筑特征代表了物理环境的整体质量，而个人评价则揭示了目标案例中与健康相关的感知。结果显示，在每个案例中，*TSF*的平均值与心理感受评价呈线性负相关。根据受访者的回答，心理感知值越高，*TSF*值通常越低，反之亦然。

同样，*SVF*的平均值也与生理感受和心理感受呈线性负关系。受访者报告的个人情感较低通常与*SVF*值较高相关。研究还调查了建成环境特征与相应受访者活动偏好之间的关系。在建筑综合体工作的受访者比单体建筑的受访者更喜欢在室外绿地茶歇/午休。建筑综合体的配置通常包括半开放式露台、平台广场、空中花园等，对受访者具有较高的吸引力。此外，在空调办公室环境中工作的受访者比在可开窗办公室工作的受访者更经常在绿地中进行社交活动，在空调办公室工作的受访者比使用混合通风模式的受访者更欣赏自然空间的价值。同样的，在没有自然景观工位工作的受访者比在有自然景观办公室工作的受访者更倾向于在室外茶歇/午休。这表明办公环境中缺少窗景会令受访者产生补偿效应。

8.2 成果讨论

8.2.1 气候特征

根据前文分析，中国香港和新加坡气候特征的差异可能是两地疗愈空间评价存在显著差异的原因。个人情感和热舒适度评价揭示了气候导向影响的主要情况。一般来说，新加坡的受访者比中国香港的受访者更关注室外空间的热舒适度。热带地区的日间气温相对较高（≥30℃），在长期气候测量中，月平均气温的变化范围小于2℃（见第5.1节）。然而，亚热带地区的全年气温随四季变化，每月平均温度的变化幅度高达12.5℃（见第4.1节）。在凉爽的季节会有凉风习习，阳光充足，气温适中，似乎更适合在户外环境中逗留。根据数据分析，新加坡的受访者更喜欢在清晨到访（p<0.00），而中国香港的受访者则更喜欢在下午到访（p<0.00）。中国香港受访者的逗留时间明显长于新加坡受访者（p<0.00）。同样，中国香港受访者对天气状况的关注也高于新加坡受访者（p=0.029）。

对户外活动的偏好也与气候条件有关。由于每天的气温不同，中国香港的受访者比新加坡的受访者更喜欢与朋友、同事一起出去玩（p<0.00）或做运动（p<0.00）。更多来自新加坡的受访者倾向于只在户外停留几分钟或只是路过（p<0.00）。与来自热带城市新加坡的反馈相比，亚热带地区的中国香港受访者在生理感受（p=0.003）和心理感受（p=0.018）方面的得分都明显高于新加坡受访者，这反映了气候特征对户外绿地空间体验的强烈影响。

8.2.2 城市画像

中国香港和新加坡城市形象的差异极大地影响了受访者对户外绿地开放空

间疗愈性能的评估。中国香港被誉为超高密度的"石屎森林"，将严重拥挤的城区，与开放、自然的绿化景观和野生动物栖息地融为一体。而新加坡则建设为"花园城市"，是热带地区宜居城市的典范，高层建筑镶嵌在城市自然景观中。基于两座城市的环境差异，从统计学角度看，中国香港受访者对室外绿地的疗愈效果评价（p=0.004）和日常生活中的疗愈需求（p=0.001）均高于新加坡受访者。与新加坡的"花园城市"相比，中国香港的城市绿地是非常稀缺的资源。因此，中国香港人比新加坡人更珍惜自然空间。物以稀为贵，这也是中国香港受访者对户外绿地的评价高于新加坡受访者的主要原因之一。

8.2.3　疗愈性能

根据前人研究，建成环境对人类感知有很大影响，而环境感知反过来会强烈影响人类健康。因此，在毗邻开放空间等建筑的设计过程中应充分考虑人的健康需求。影响建成环境质量的主要结构特征有四个，即选址、设计整合、室内外联系以及空间围合。第一，所选研究地点大多毗邻受保护的自然资源，即城市公园、自然栖息地、城市森林、海滨、海景等，这有助于降低压力水平，促进心理健康；第二，建筑与绿地的融合可以提供休憩空间，加强人与自然的联系；第三，附带的半开放空间，即门厅和走廊，在室内私人空间和室外公共空间之间建立了联系，便于开展非正式活动；第四，规划合理的空间围合可以提高热舒适度和对个人感知的评价。总之，前两个标准属于土地利用和建筑形态范畴，强调的是目标案例的整体配置和土地利用；后两个标准调节的是室内外环境的相互关系，影响的是环境感知和个人感知的评价。空间形态分类参考了Kaijima等人（2001）对东京建筑形态研究的二分法。它提供了一个规范"影响因素"特定顺序的模型，为案例分类和分析确立了标准（图8.2-1）。

根据上述设计标准，本研究将案例分为五种模式，反映了亚洲亚热带和热带地区的主要建筑形态和空间特征。表8.2-1列出了每种模式的详细信息。一般来说，模式1～4代表毗邻绿地或海滨的案例；模式5指远离自然环境的案例。其中，模式1代表典型的建筑类型，庭院由建筑综合体围合，半开放式的门廊或连廊与外墙衔接；模式2代表个别建筑中的屋顶花园，没有明显的遮阳顶棚；模式3代表位于低层裙楼的花园，可能会被附近的高层塔楼遮挡；模式4指毗邻目标建筑的地面层有城市公园或街道广场，通过人行道连接；模式5是指在建筑附近没有自然资源的情况下，将开放式绿地整合到建筑裙楼内。

受访者对疗愈空间的态度和评价排序有助于分析不同空间特征的模式之间的差异（表8.2-2）。

图8.2-1　中国香港和新加坡选定案例的设计模式分析

中国香港和新加坡选定案例的疗愈空间模式　　　　表8.2-1

类别	空间要素	案例	城市	空间位置靠近自然资源	建筑与自然融合	紧密相连的半开放空间	场所空间围合
模式1	毗邻城市森林或海滨，带有半开放空间的封闭庭院	科研楼2	香港	是	是	是	是
		办公楼7	新加坡	是	是	是	是
		科研楼4	新加坡	是	是	是	是
		科研楼6	新加坡	是	是	是	是
模式2	毗邻城市公园、屋顶花园	办公楼5	新加坡	是	是	是	否
		科研楼5	新加坡	是	是	是	否
模式3	毗邻海滨、裙楼花园	办公楼1	香港	是	是	否	否
		科研楼3	香港	是	是	否	否
模式4	毗邻城市森林或海滨，地面有公园和广场	办公楼2	香港	是	否	否	否
		办公楼3	香港	是	否	否	否
		办公楼4	香港	是	否	否	否
		科研楼1	香港	是	否	否	否
模式5	城市核心，建筑无绿化空间	办公楼6	新加坡	否	是	否	否
		办公楼8	新加坡	否	是	否	否

中国香港和新加坡选定案例中个人情感和
疗愈感知的平均值排序

表8.2-2

排序	模式	VF	模式	SD	模式	PF	模式	PP	模式	HE	模式	HR
1	模式1	4.12	模式4	3.57	模式4	4.29	模式4	4.36	模式4	4.38	模式4	4.25
2	模式4	3.87	模式3	3.54	模式3	4.26	模式3	4.28	模式3	4.30	模式3	4.18
3	模式3	3.84	模式1	2.56	模式1	4.21	模式1	4.26	模式5	4.24	模式1	4.09
4	模式2	3.59	模式2	1.79	模式5	4.18	模式5	4.24	模式1	4.21	模式5	4.03
5	模式5	2.89	模式5	1.58	模式2	3.96	模式2	4.13	模式2	4.05	模式2	3.84

注：VF（到访频率），SD（停留时间），PF（生理感受），PP（心理感受），HE（疗愈效果），HR（疗愈需求）

首先，从访问频率来看，模式1的样本受访者在工作日访问邻近绿地的频率最高，而模式5的受访者访问频率最低。根据现场配置，嵌入建筑物的庭院模式受到周围树冠的遮挡，方便受访者在短暂休息时进入。然而，由于没有散热设施，且空中花园没有遮阳雨棚，导致模式5的微气候条件最差。因此，到访频率的主要诱因是建筑与自然融合的空间布局，即建筑庭院或邻近的街道广场或城市公园，这些空间布局为受访者在平日的日常活动中提供了最多的到访或路过机会。

其次，模式4的受访者在户外绿地停留的时间最长。值得注意的是，地面公园和广场充足的树冠和休闲设施为受访者提供了舒适的环境。室外绿地停留时间的决定因素与热舒适度和可进行的活动密切相关。因此，大型树冠、凉棚和阁楼等遮阳设备在室外空间设计和管理中非常重要。此外，节目、现场活动以及管理和维护水平也与住宿偏好密切相关。例如，办公楼2东侧广场定期举办的现场音乐会、办公楼3附近海滨广场的烟花表演、办公楼4附近南区游乐场的篮球比赛、科研楼1连接小广场的校园活动等，都会吸引很多受访者留下来，与同伴一起享受美好时光。

最后，模式4和模式3的受访者对室外绿地的个人感知以及疗愈效果和需求的感知评价都是最高的。虽然个人感知和评价都很全面，但模式2和模式5的受访者对所有户外绿地体验的评价都相对较低。根据在中国香港和新加坡的实证研究，屋顶花园受到的太阳辐射最强，因此热舒适度和个人感知最低。模式2和模式5中的案例地点都位于新加坡的屋顶或平台层，白天可用于遮阳的树冠或遮阳棚较少。因此，尽管在高密度的热带气候下，建筑外立面和屋顶/平台层的高空绿化有助于营造花园城市的神奇形象，但由于遮阳设备和可用方案不足，日常生活中的个人感知和疗愈效果相对较低。

第 9 章

未来应用

　　本研究试图总结出设计策略建议，加强以健康为导向的设计质量，从而在日常生活中营造出环绕工作场所的高性能疗愈环境。它还提供了一个机会来强调基于性能的设计原则，激励在其他建筑领域更广泛地被采用。其意义体现在两个方面：①注重室内外过渡和联系的疗愈空间设计策略；②高密度城市背景下的空间设计模式建议。

9.1　疗愈空间设计策略

　　根据前几章的研究结果，疗愈空间的关键标准包括两类：①针对人类健康感知因素选定的建筑特征设计策略；②经过验证的场地配置，可以提高室外绿地的疗愈性能。

9.1.1　建筑特征设计策略

　　建筑特征设计策略涉及以下问题：建筑形态、空间模式、通风模式、建筑与自然的融合以及视觉质量。

　　首先，本研究中的建筑形态是指建筑综合体和单体塔楼。具体来说，建筑组合模式与室外绿地的配置密切相关。对于建筑综合体而言，根据塔楼和裙楼的组合，可以创造庭院、裙楼花园、绿化平台、公共广场等。就单体塔楼而言，将单体塔楼设在毗邻现有公共开放空间（如城市公园、街心花园、公共广场等）或步行距离在300m以内的地方非常重要。此外，多功能综合体项目通常位于建筑综合体或巨型建筑内，包含综合开发办公楼、零售、餐饮、住宅和服务公寓、文化和社区空间等，以满足使用者午休和下班后活动的个人需求（CFAD，2010）。因此，创造有吸引力的非商业节目，如现场音乐会、艺术展览等，以及将室内活动延伸到室外空间，如餐厅和饮料店，都是有效的设计策略，可促进使用者从孤立的空调空间到室外接触自然环境。

　　其次，本研究的空间模式侧重附属于建筑物的半开放空间，即门廊和走廊，它们是室外公共空间和私人室内空间之间的缓冲区，用于非正式工作和娱乐活动。先前的研究表明，半开放空间的精心设计可以兼顾宜人的室外环境和舒适的室内环境（Givoni，1998a）。根据调查，中国香港和新加坡的受访者表示非常喜欢自然通风的空间，能通过鸟叫和风声、天气和时间的变化，从自然空间中获得昼夜节律。在亚洲的热带和亚热带地区，面向开放环境的半开放式空间加上屋顶

百叶窗，可以利用新鲜、卫生的空气流通提高空气质量，让使用者感受自然之
美、昼夜节律和天气变化，而非正式的工作场所则可以让使用者以更放松、更舒
适的状态来进行讨论和激发灵感。工作场所的通风质量影响个人情感和工作效
率。高层建筑的通风模式主要是配置中央空调系统，完全采用空调机械通风。根
据中国香港和新加坡的实证研究，与封闭式空调办公室相比，可开窗的混合通风
系统更受欢迎。

再者是建筑与自然的融合。与建筑设计相融合的绿色空间将为工作场所提供
一个休憩环境，增加人与自然联系的机会。此外，建筑与自然融合也是促进城市
环境生物多样性的一种策略，可弥补快速城镇化过程中自然环境生态系统服务的
损失（Yeang，1999）。根据第2.3节（表2.3-4）中绿色建筑评级体系所讨论的以
健康为导向的设计策略，经认证的绿色建筑具有明显的自然联系特征，可起到遮
阳和促进健康的作用。在本研究中，绿色特征并不局限于已认证的绿色建筑，而
是扩展到与自然融合配置的疗愈环境因素的设计，即树木广场、平台花园、屋顶
农场、绿色中庭和庭院、垂直绿化等。这些绿色策略可以弥补城市发展过程中损
失的自然环境。

最后，自然采光和窗外自然景观的视觉质量与工作场所的健康感知密切相
关。日光设计是缓解倦怠和消极最有效的方法之一，这与生物节律和环境感知有
关（Heerwagen，2006）。保护工作场所附近的自然资源在实现办公座位与自然的
视觉联系方面发挥着重要作用。自然资源，即城市森林、海景、市民公园、自然
栖息地等，将满足使用者的亲自然本能，并显著提高心理幸福感和精神恢复能力
（Lau et al.，2009；Schweitzer et al.，2004）。绿色建筑设计标准中也对景观质量
提出了要求，即在所有正常使用的建筑面积中，75%的面积要能通过玻璃窗直接
看到室外绿色空间（USGBC，2013）。表9.1-1概述了不同建筑特征的设计策略。

不同建筑特征的设计策略 表9.1-1

类型	特征	重点策略	参考文献	优先级
建筑形态	建筑综合体	• 利用平台和建筑综合体的组合，创造潜在的疗愈环境，如庭院、平台花园、绿色露台、公共广场等，并最大限度地为使用者提供便利； • 混合用途发展和创造有吸引力的非商业性节目，如现场音乐会、艺术展览等，将室内活动延伸到开放空间，以促进健康的生活方式	（GGHC，2007；PCAL，2011）	中级
	建筑单体	• 将单个塔楼设在现有公共开放空间（如城市公园、街心花园、公共广场）附近或步行300m范围内		

类型	特征	重点策略	参考文献	优先级
空间模式	建筑附属的半开放空间	• 在建筑设计中创造半封闭空间，如地面或上层的门廊和走廊，以加强室内场所与室外自然环境之间的过渡和联系	（Givoni，1998）	中级
	装置和设施	• 遮阳装置，如凉棚或百叶窗，可遮挡阳光眩光，并保持新鲜气流，以利于降温和通风； • 为非正式讨论、工作和休息提供长凳和桌子	（Xue et al.，2019a）	
通风模式	室内区域	• 混合模式通风系统设计，是在办公环境中设置可开启的窗户，提供充足的新鲜空气，提高使用者的工作效率和灵感； • 通过自然的声音、风以及天气和时间的昼夜节律，实现使用者与大自然接触	（BCA，2024；USGBC，2013）	高级
	半室外区域	• 为学习、会议和讨论提供附属于建筑的半开放空间，以提高工作效率和灵感	（Xue et al.，2019b）	
建筑与自然的融合	设计模式	• 由建筑和围墙围成的庭院将室外空间带入了建筑的核心区域，这有助于最大限度地增加绿色空间的访问机会，并最大限度地减少太阳光的进入量	（Givoni，1998）	高级
		• 裙楼和屋顶花园有助于在高层建筑上延伸出一条新的城市景观视廊，有助于弥补因快速城镇化而丧失的城市生态系统	（BCA，2024）	
视觉质量	窗景	• 最大限度地利用窗外的自然景观，如城市公园、森林、海景等，以减轻压力、提高对工作场所的积极态度	（Kaplan，1993）	高级
	自然采光	• 最大限度地增加工作区的日照面积，为建筑使用者提供更健康的环境，并加强对大自然的昼夜节律的感知	（USGBC，2013）	

9.1.2 场地配置设计策略

室外空间场地配置的设计策略与以下问题有关：场地区位、户外项目和活动、慢行交通、布局和遮阳、绿化和种植、生物多样性和亲生物性。第一个问题是场地区位。建议选址靠近受保护的自然资源，如城市公园、自然栖息地、城市森林、水岸、海景。上述自然空间的散热效能将通过植物和树木的蒸腾作用以及水蒸发的热惯性显著提高（Littlefair et al.，2000）。建成环境中的现场绿化可产生遮阳效果，降低冷却负荷的表面温度。对于城市森林而言，降温效率的特征距离与树木高度和森林范围有关（Oke et al.，1989）。在本研究中，自然空间可达性的临界值是步行300m至公共空间（CABE，2009），或从工作场所步行400m半径范围至自然栖息地，即山地/森林、海滨、湿地等（HKSARG，2015）。

第二个问题与户外项目和活动有关，这些项目和活动可促进使用者的健康生活方式。近年来，"生活—工作—娱乐"一体化已成为多功能城市发展的规划策略。在商业和校园开发中融入的混合使用概念，通过工作、学习和公众参与，创造了一个生动活泼的知识、社会和文化环境。特别是开放空间的方案安排，将极大地影响人们对户外绿地的习惯性偏好。室外活动的偏好与所选建筑的特征有很大关系。使用者会利用游览绿地来弥补在设计不佳的建筑中的负面体验。因此，创造有吸引力的室外活动，如现场音乐会、艺术展览、体育运动等，以及将室内项目延伸到室外空间，如布置餐饮设施，都是有效的设计策略，可鼓励使用者离开与世隔绝的空调空间，欣赏室外自然环境。此外，拟建设施还包括用于遮阳和修复的树木和植物、用于午休和社交的长凳（椅子）和桌子等。这些策略将创造出高性能的疗愈环境，有助于舒缓眼睛和精神，促进放松和恢复，改善情绪。

第三个问题，从工作场所到室外绿地之间井然有序的慢行交通是疗愈空间规划和设计中不可或缺的。由于专业和学术领域使用者的工作压力和时间限制，一个设计良好的步行网络极其重要，它可以将每栋办公楼和建筑综合体与通往室外绿地的清晰导向系统连接起来。此外，在建筑与目标开放空间之间提供遮阳的人行道和天桥，以提高热舒适度也非常重要。

第四个问题，在亚洲热带和亚热带地区，布局和遮阳问题是必不可少的重要议题。建筑布局中精心规划的空间围护结构是降低总体场地系数（TSF）、提高热舒适度、帮助自然通风和个人感知的有效方法。根据热带和亚热带地区的实证研究，建成环境的围护结构设计与TSF密切相关。TSF直接影响城市热岛效应水平的上升（Yang，2009）。天空可视因子（SVF）指的是天空开阔度的物理状态，它与热带和亚热带气候环境下的个人感受呈负相关。此外，由于太阳自东向西的普遍轨迹，主导遮阳方位（MSO）应逆太阳轨迹布置。不过，由于地处热带地区，南北向的主导遮阳方位有助于在季风间歇期抵御太阳辐射。总之，对树冠几何形状的布局进行处理是减少TSF，促进热舒适度、自然通风和空间感的有效方法。

第五个问题与绿化和种植有关。城市绿化在调节微气候的热舒适度方面发挥着重要作用。树冠可视因子（TVF）、绿地容积率（GnPR）与高峰时段实时气温的升高呈负相关。研究表明，如果绿地选址配置了较高的TVF值（80%以上）和GnPR值（2.0以上），城市热岛效应温差将明显低于其他选址。相反，如果露天广场的TVF值和GnPR值都很小，城市热岛效应温差就会明显增大。为了在遮阳效果和自然通风受阻之间保持平衡，只有树干高、树冠大的植物类型对促进某些空间的微气候最为有效。由于高灌木会阻挡通风口，并在不遮阳的情况下提高湿度，因此在湿热气候地区，开敞草坪、低矮花坛和树干高大、树冠遮阳的大乔木相组合，被认为是室外景观中最合适的种植模式（Givoni，1998）。

最后，城市生物多样性通过增加对更高水平生物多样性的接触而带来心理上的益处（Fuller et al.，2007）。五颜六色的花树和可食用植物是吸引鸟类、蜜蜂、蝴蝶和益虫的可行方法，可减轻高密度城区生物多样性的损失。此外，为促进生物多样性，建议采用维护成本有限的适应性本地物种，而不是种植维护成本高的人工景观（Hwang et al.，2015）。亲自然是环境设计的重要组成部分，可弥合人类感知与环境表现之间的差距（Browning et al.，2014）。亲自然设计策略是为了响应自然环境对人类健康和幸福感的感官评价，包括来自自然环境的视觉、听觉和嗅觉感知，以及在大自然美景中的冥想和放松。此外，都市农业和环境教育计划也是减轻压力、提高创造力、改善整体健康和加快疗愈效果的有益方式。表9.1-2概述了绿色开放空间的设计策略。

绿色开放空间的设计策略　　　　　　　　表9.1-2

类型	特征	重点策略	参考文献	优先级
场地区位	自然散热效应	• 地块距离市民公园（花园）步行距离在300m以内，或距离受保护的自然栖息地（即城市森林、城市公园、湖边、海滨、河边等）半径在400m以内	（Givoni，1998；Littlefair et al.，2000）	高级
		• 在建筑物附近提供绿化，以产生遮阳效果，并通过降低热负荷的表面温度来提高热舒适度		
户外项目和活动	餐饮服务	• 利用开放式室外空间扩展室内食堂和饮料服务，为使用者提供更多接触大自然的机会	（Xue et al.，2019b）	中级
	休闲娱乐	• 为午休和下班活动提供运动场地或设施		
		• 在工作场所建筑附近的公共广场或开放空间，沿主要人行道举办现场音乐、艺术表演、节日市场等公共活动		
布局与遮阳	天空开阔度	• 建议将天空可视因子（SVF）控制在较低水平，即在亚洲热带和亚热带地区低于20%，以保持太阳辐射进入和自然通风之间的平衡	（Oke，1981；Yang et al.，2013）	高级
	高宽比	• 高宽比（H/W）建议在1~4之间，这有助于提高周围建成环境的遮阳效果	（Oke，1981）	
	主导遮阳方位	• 主导遮阳方位应尽量安排在东西方向，这与夏季的太阳轨迹相反	（Littlefair et al.，2000）	

续表

类型	特征	重点策略	参考文献	优先级
绿化与种植	乔木覆盖率	• 目标空间的树冠可视因子（*TVF*）要求达到50%或以上，以达到最佳降温效果	（Yang，2009）	高级
	绿地容积率	• 参考实证研究和相关的绿化评级制度，建议现场树木的绿地容积率（*GnPR*）高于1.0，以增强地面的降温效果	（BCA，2024；Ong，2003）	
	植被选择	• 选择爬满墙壁和凉棚的藤蔓和藤本植物来遮阳，减少对自然风的阻挡； • 在炎热潮湿的天气条件下，选择草地、低矮花坛和树干高大、树冠遮阳的大树组合，而不是茂密的灌木丛	（Givoni，1998；Littlefair et al.，2000）	
慢行交通	步行可达性	• 创建从工作场所通往公共绿地的直接通道，并尽量减少沿线街道交叉口的负面影响； • 构建建筑物与目标开放空间之间的遮阳天桥	（Ewing et al.，2009）	高级
	道路连通性	• 每个塔楼和建筑综合体之间的人行道网络四通八达，并配有清晰的导向系统	（Xue et al.，2019a）	
生物多样性与亲自然设计	生物多样性	• 提供色彩缤纷的花木和可食用植物，吸引鸟类、蜜蜂、蝴蝶和益虫等，提高环境生物多样性	（Browning et al.，2014）	中级
		• 鼓励在维护有限的室外环境中采用乡土物种，而不是修剪整齐的景观	（Hwang et al.，2015）	
	亲自然设计与感官体验	• 加强视觉感知、听觉感知、嗅觉感知等感官评价，以及在自然环境中冥想和放松	（Xue et al.，2016b）	
		• 创建都市农业和环境教育计划，以减轻压力、提高创造力、改善幸福感和加快疗效	（Xue et al.，2019b）	

9.2　空间设计模式建议

9.2.1　空间围合

空间围合的设计模式极大地增强了与自然或置身于自然的视觉联系。通过庭院、后院、主题花园等的连接组合（图9.2-1），极大地促进了室外绿地与室内工作环境之间的关联和相互关系。它为使用者提供了最多的日常出入或经过的机会，而遮阳的半开放空间则可用于非正式工作和讨论。以科研楼4（模式1）为例，对季风间歇期进行遮阳优化模拟，在平均高宽比（*H/W*）为2.0的情况下，

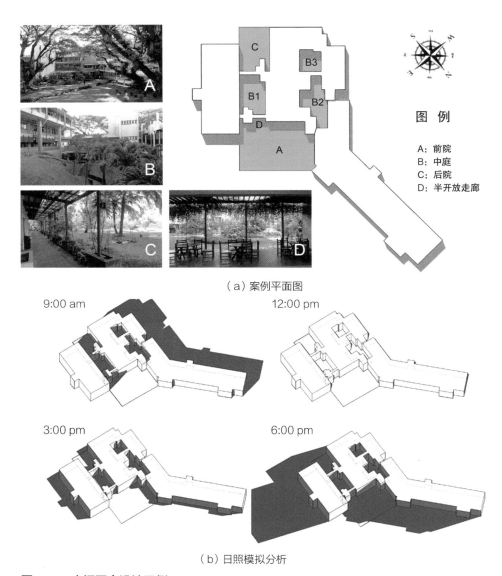

（a）案例平面图

（b）日照模拟分析

图9.2-1　空间围合设计示例

庭院在清晨（上午9点之前）和傍晚（下午3点之后）几乎都会被遮阳；但在中午时分，庭院可能会完全暴露在夏日的阳光下。因此，需要种植树干高大、树冠宽广的树木，为使用者提供额外的遮阳，以减少太阳辐射热量，促进地面气流速度。

9.2.2　增强空中花园性能

　　在亚洲热带和亚热带地区，太阳直射会极大地影响个人对室外绿地的感知。由于空间和技术上的限制，很难在传统建筑的屋顶部分种植树冠宽大的树木。此外，地面以上的草地或花坛也无法遮挡强烈的太阳辐射。因此，充足的遮阳设施是所有朝阳开放空间设计的基本策略。由于天空开阔度与总体场地系数（*TSF*）呈正相关，因此平台花园和屋顶开放空间的*TSF*明显高于地面空间。根据研究结果，无遮挡的屋顶花园（*SVF* > 90.00%）中的受访者对生理感受和心理感受的评价最低，反之亦然。因此，遮阳设备在朝阳开放空间中的性能将直接影响个人对目标场所的评价。以科研楼6（模式1）为例，藤蔓凉棚、檐口延伸和庭院树木的遮阳树冠是促进热舒适度的有效策略（图9.2-2）。经过验证，屋顶花园在清晨（上午9点之前）和傍晚（下午3点之后）可受部分遮阳棚和庭院树木遮阳。屋顶上最舒适的时间是下午6点以后。

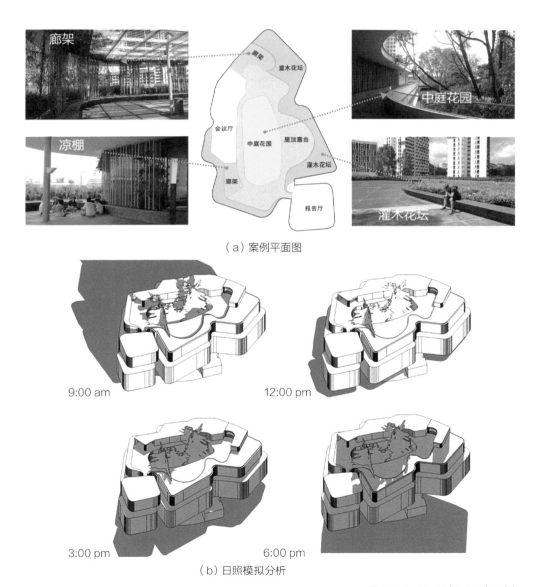

（a）案例平面图

（b）日照模拟分析

图9.2-2　屋顶遮阳设计示例

9.2.3　平面布局

　　从气候适应性和人类健康的角度来看，在东南亚地区，高层和高密度布局的城市形态是有利和有效的。根据Givoni（1998）的研究，与密度较低但高度相同的建筑相比，高度可变且外形狭窄的建筑相邻而建，能更好地改善城市通风。不同高度的城市开放空间的高宽比（H/W）会影响周围建成环境的遮阳效果。树冠、围墙越高，获得的太阳辐射就越低，因此在炎热季节，空气温度可相应保持在合理水平。此外，根据东西向太阳轨迹，主导遮阳方位（MSO）应逆太阳轨迹布置。不过，由于地处热带地区，南北向的主导遮阳方位有助于在季风间歇期抵御太阳辐射。总之，对树冠几何形状进行布局是降低TSF，促进热舒适度、自然通风的有效方法。以办公楼2为例（图9.2-3），地面花园东西向嵌入高层建筑中，从地面层中心开始的高宽比（H/W）高达4.5。根据太阳轨迹分析，该地块被建筑物和树木的树冠遮挡，清晨至傍晚的太阳辐射较少。

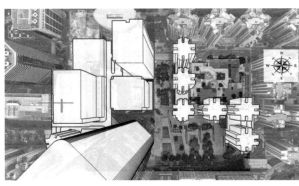

（a）案例平面布局　　　　　　　　　　　（b）案例天空视图

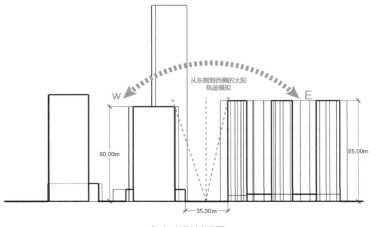

（c）案例剖面图

图9.2-3　平面布局安排示例

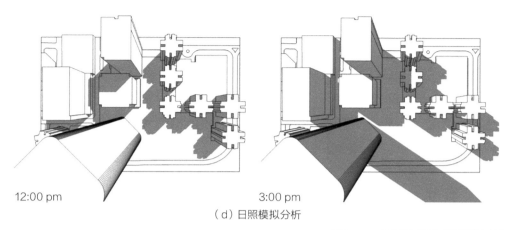

12:00 pm　　　　　　　　　　3:00 pm

（d）日照模拟分析

图9.2-3　平面布局安排示例（续）

9.3　研究局限与未来展望

这项研究考察存在一些局限性。

首先，现场测量时间不足。由于调查资源和人力的限制，室外微气候指标仅在一个高温季节的样本年内进行测量。显然，多年数据更可靠，更具有普遍可比性。不过，气候数据的基准参考了中国香港和新加坡权威气象站发布的长期（30年以上）平均记录，这些记录分别能充分反映两个城市的气候特征。此外，每个站点的测量时间有限，应延长至整个昼夜时间并连续3～4天。

其次，案例选择的代表性不足。客观测量共有14栋建筑，调查了39个点。由于研究资源和时间有限，本研究选取的案例主要集中在城市中心的核心商业区，这些地区的建成环境和基础设施系统成熟且质量较高。如果案例涵盖中国香港和新加坡的所有主要地区，则更具代表性。但是，案例的选择与目标使用者有很大关系，而更多样化的类型则很难控制。

主观健康评价的有效样本量也相对不足。个人调查中仅选取了413份自填问卷和22次结构式访谈。在今后的研究中，应增加样本量，以建立具有统计学意义的回归模型，从而更好地比较和讨论不同变量之间的相互关系。在选择研究受访者时，应考虑更好地平衡年龄和受教育程度的分布。

基于建成环境与个体感知之间的相关性，本研究确立了与建筑特征和周边绿地场地配置相关的疗愈空间设计策略。研究还验证了建成环境的空间特征会显著影响微气候条件下的空气温度。在未来的研究中，除了热舒适度之外，其他以健康为导向的指标，尤其是植物和设施，也应在亚洲热带和亚热带地区得到系统性的认真考虑。

9.4 学术贡献

本研究验证了研究假设，即城市绿地具有巨大的疗愈潜力和能力，可升级为日常生活中促进健康的疗愈空间。以往关于疗愈环境的研究仅限于室外开放空间，而没有考虑与室内建筑空间的关联。在这项"疗愈空间"的研究中，笔者在室内与室外领域之间架起了一座桥梁，并对建筑与自然融合的设计性能进行了评估。笔者将"疗愈空间"的内涵从最初的疗养或恢复性花园转变为更广阔的公共领域，将关注点从特定的医院或医疗保健环境扩展到普遍的日常建成环境。研究意义强调，在高密度的城市环境中，为了促进健康，"疗愈空间"的理念应成为设计实践的基本准则。

本研究对中国香港和新加坡高密度建成环境下城市疗愈空间的不同模式进行了实证研究。研究结果从室内和室外两个领域探讨了建筑特征和场地配置的优选组合，以促进身心恢复和情感健康。从适应气候的空间设计策略出发，研究结果可推广至我国华南地区和世界其他类似湿热气候的高密度城市。

附录

相关研究已发表成果

（1）期刊论文

XUE F, GOU Z H, LAU S S Y, 2016a. Human factors in green office building design: the impact of workplace green features on health perceptions in high-rise high-dense Asian cities [J]. Sustainability, 8: 1095.

XUE F, GOU Z H, LAU S S Y, 2017a. Green open space in high-dense Asian cities: site configurations, microclimates, and users' perceptions [J]. Sustainable Cities and Society, 34: 114-125.

XUE F, GOU Z H, LAU S S Y, 2017b. The green open space development model and associated use behaviors in dense urban settings: lessons from Hong Kong and Singapore [J]. Urban Design International, 22 (4): 287-302.

XUE F, LAU S S Y, GOU Z, et al., 2019a. Incorporating biophilia into green building rating tools for promoting health and wellbeing [J]. Environmental Impact Assessment Review, 76: 98-112.

XUE F, GOU Z, LAU S S Y, et al., 2019b. From biophilic design to biophilic urbanism: stakeholders' perspectives [J]. Journal of Cleaner Production, 211: 1444-1452.

（2）会议论文

XUE F, LAU S S Y, 2013a. Liveable landscape in high-rise and high-density built environment for health promotion in Singapore [C] //Proceedings of SB13 Singapore—Realising Sustainability in the Tropics: 343-350.

XUE F, LAU S S Y, 2013b. The policy and practice of Singapore green urbanism [C] //Proceedings of the 9th International Conference on Green and Energy-Efficient Building & New Technologies and Products Expo: 1-8.

XUE F, LAU S S Y, 2014. Healing space research in high-density built environment: a salutogenic approach for health promotion [C] //The Proceedings of 11th International Symposium on Environment-Behaviour Research EBRA2014. Guangzhou: South China University of Technology Press: 631-642.

XUE F, LAU S S Y, 2016b. Climate-adaptive urban open space design strategy in workplace for comfort and health—case in Hong Kong and Singapore [C] //International

Conference on Countermeasures to Urban Heat Island: 332-339.

（3）学术专著

XUE F, GOU Z, 2018. Healing space in high-density urban contexts: case studies and design strategies [M] // ALETTA F, XIAO J. Handbook of research on perception-driven approaches to urban assessment and design. Hershey: IGI Global: 489-507.

参考文献

ALVARSSON J J, WIENS S, NILSSON M E, 2010. Stress recovery during exposure to nature sound and environmental noise [J]. International Journal of Environmental Research and Public Health, 7 (3): 1036-1046.

AMBREY, CHRISTOPHER, FLEMING, 2014. Public greenspace and life satisfaction in urban Australia [J]. Urban Studies, 51 (6): 1290-1321.

ANDREWS B, HEJDENBERG J, 2007. Stress in university students [M] //FINK G. Encyclopedia of stress . 2nd ed. New York: Academic Press: 612-614.

ANGNER E, 2010. Subjective well-being [J]. The Journal of Socio-Economics, 39 (3): 361-368.

ANTONOVSKY, AARON, 1996. The salutogenic model as a theory to guide health promotion [J]. Health Promotion International, 11 (1): 11-18.

ARIES M B C, ARTS M P J, HOOF J V, 2015. Daylight and health: a review of the evidence and consequences for the built environment [J]. Lighting Research & Technology, 47 (1): 6-27.

ASLA, 2009. The case for sustainable landscapes: the sustainable sites initiative 2009 [R]. USA: American Society of Landscape Architects: 52.

BÖHNKE P, 2005. First European quality of life survey: life satisfaction, happiness, and sense of belonging [M]. Berlin: Social Science Research Centre: 102.

BABBIE E, 2012. The practice of social research [M]. 13th ed. Belmont: Wadsworth Cengage: 584.

BADLAND H, WHITZMAN C, LOWE M, et al., 2014. Urban liveability: emerging lessons from Australia for exploring the potential for indicators to measure the social determinants of health [J]. Social Science & Medicine, 111: 64-73.

BAHKSAR, 2010. APP-122 provision of sky garden in refuge floor [S]. Hong Kong: Building Authority: 3.

BALDRY C, 1999. Space— the final frontier [J]. Sociology, 33 (3): 535-553.

BCA, 2024. Green mark 2021 certification standard [M]. 2nd ed. Singapore: Building and Construction Authority: 32.

BEATLEY T, 2009. Sustainability 3.0 building tomorrow's earth-friendly communities [J].

Planning, 75 (5): 16-22.

BEATLEY T, 2011. Biophilic cities: integrating nature into urban design and planning [M]. Washington, D.C.: Island Press: 191.

BEATLEY T, 2012. Green cities of Europe: global lessons on green urbanism [M]. Washington, D.C.: Island Press: 243.

BECKER C M, GLASCOFF M A, FELTS W M, 2010. Salutogenesis 30 years later: where do we go from here? [J]. International Electronic Journal of Health Education (13): 25-32.

BEDIMO-RUNG A L, 2007. BRAT - direct observation reference manual environmental determinants of physical activity in parks [R]. New Orleans: Louisiana State University: 44.

BEDIMO-RUNG A L, GUSTAT J, TOMPKINS B J, et al., 2006. Development of a direct observation instrument to measure environmental characteristics of parks for physical activity [J]. Journal of Physical Activity and Health, 3 (1): S176-S189.

BIBRI S E, 2020. Advances in eco-city planning and development: emerging practices and strategies for integrating the goals of sustainability [M] //BIBRI S E. Advances in the leading paradigms of urbanism and their amalgamation: compact cities, eco-cities, and data-driven smart cities. Cham: Springer International Publishing: 103-142.

BINER P M, KIDD H J, 1994. The interactive effects of monetary incentive justification and questionnaire length on mail survey response rates [J]. Psychology & Marketing, 11 (5): 483-492.

BLACKHURST M, HENDRICKSON C, MATTHEWS H S, 2010. Cost-effectiveness of green roofs [J]. Journal of Architectural Engineering, 16 (4): 136-143.

BOSCH M, 2017. Natural environments, health, and well-being [EB/OL]. [2017-03-29]. https://oxfordre.com/environmentalscience/display/10.1093/acrefore/9780199389414.001.0001/acrefore-9780199389414-e-333.

BOUBEKRI M, 2008. Daylighting, architecture and health: building design strategies [M]. Oxford: Architectural Press: 154 .

BRATMAN G N, HAMILTON J P, DAILY G C, 2012. The impacts of nature experience on human cognitive function and mental health [J]. Annals of the New York Academy of Sciences, 1249 (1): 118-136.

BRE, 2013. Breeam international new construction technical manual [M]. UK: BRE Group Training: 417.

BREWER J M, SHAVIT A Y, SHEPARD T G, et al., 2013. Identification of gustatory—olfactory flavor mixtures: effects of linguistic labeling [J]. Chemical Senses, 38: 305-313.

BRINGSLIMARK T, HARTIG T, PATIL G G, 2011. Adaptation to windowlessness:

do office workers compensate for a lack of visual access to the outdoors [J]. Environment and Behavior, 43 (4): 469-487.

BROOMHALL M, CORTI B, 2004. Quality of public open space tool (POST) Observers' Manual [R]. Western Australia: The University of Western Australia: 9.

BROWNING W, RYAN C, CLANCY J, 2014. 14 patterns of biophilic design improving health & well-being in the built environment [M]. New York: Terrapin Bright Green LLC: 62.

BROWNSON R C, HOEHNER C M, DAY K, 2009. Measuring the built environment for physical activity: state of the science [J]. American Journal of Preventive Medicine, 36 (4): S99-S123.

BURNES B, COOKE B, 2013. Kurt Lewin's field theory: a review and re-evaluation [J]. International Journal of Management Reviews, 15: 408-425.

BURNS A, BYRNE J, BALLARD C, et al., 2002. Sensory stimulation in dementia: an effective option for managing behavioural problems [J]. British Medical Journal, 325 (7376): 1312-1313.

CABE, 2009. Open space strategies: best practice guidance mayor of London [R]. London: Commission for Architecture and the Built Environment Greater London Authority: 68.

CARLSON C, Aytur S, Gardner K, et al., 2012. Complexity in built environment, health, and destination walking: a neighborhood-scale analysis [J]. Journal of Urban Health: Bulletin of the New York Academy of Medicine, 89 (2): 270-284.

CEDD, 2024.Greening master plan. GMPs for urban areas [EB/OL]. [2024-3-29] .https: // www.cedd.gov.hk/eng/topics-in-focus/greening/index.html.

BLOOMBERG M R, BURNEY D, FARLEY T, et al., 2010. Active design guidelines promoting physical activity and health in design [R]. New York City: NYC Government: 135.

CHANG C Y, CHEN P K, 2005. Human response to window views and indoor plants in the workplace hortscience [J]. Hortscience, 40 (5): 1354-1359.

CHENG V, NG E, CHAN C, et al., 2012. Outdoor thermal comfort study in a sub-tropical climate: a longitudinal study based in Hong Kong [J]. International Journal of Biometeorology, 56 (1): 43-56.

CHURCH T D, HALL G, LAURIE M, 1995. Gardens are for people [M]. 3rd ed. Berkeley: University of California Press: 280.

CLEMENTS C D, 2011. Sustainable intelligent buildings for people: a review [J]. Intelligent Buildings International, 3 (2): 67-86.

COFFIN D R, 1994. The English garden: meditation and memorial [M]. Princeton: Princeton University Press: 270.

COHEN D A, MARSH T, WILLIAMSON S, et al., 2014. The potential for pocket parks to increase physical activity [J]. American Journal of Health Promotion, 28 (3): S19-S26.

COHEN M, BAUDOIN R, PALIBRK M, et al., 2012. Urban biodiversity and social inequalities in built-up cities: new evidences, next questions. The example of Paris, France [J]. Landscape and Urban Planning, 106 (3): 277-287.

COLDING J, BARTHEL S, 2013. The potential of 'Urban Green Commons' in the resilience building of cities [J]. Ecological Economics, 86: 156-166.

CRESWELL J W, 2009. Research design: qualitative, quantitative, and mixed methods approaches [M]. 3rd ed.Thousand Oaks: Sage Publications: 260.

CRESWELL J W, CLARK V L P, 2007. Designing and conducting mixed methods research [M]. Thousand Oaks: Sage Publications: 275.

CURTIS, SARAH, GESLER, et al., 2007. Therapeutic landscapes in hospital design: a qualitative assessment by staff and service users of the design of a new mental health inpatient unit [J]. Environment & Planning C: Government & Policy, 25 (4): 591-610.

CUTCHIN M P, 2000. Putting health into place (book review) [J]. Annals of the Association of American Geographers, 90 (3): 618.

DIENER E, 2000. Subjective well-being: the science of happiness and a proposal for a national index [J]. American Psychologist, 55 (1): 34-43.

DIENER E, INGLEHART R, TAY L, 2013. Theory and validity of life satisfaction scales [J]. Social Indicators Research, 112 (3): 497-527.

DIENER E, SUH E, 1997. Measuring quality of life: economic, social, and subjective indicators [J]. Social Indicators Research, 40 (1-2): 189-216.

DILANI A, 2009. Psychosocially supportive design: a salutogenic approach to the design of the physical environment [C] //Proceedings of the 1st International Conference on Sustainable Healthy Buildings, Seoul, Korea: 55-65.

DIRKSEN M, RONDA R J, THEEUWES N E, et al., 2019. Sky view factor calculations and its application in urban heat island studies [J]. Urban Climate, 30: 100498.

DUHL L, 2002. Health and greening the city: relation of urban planning and health [J]. Journal of Epidemiology and Community Health, 56 (12): 897.

ENGINEER A, GUALANO R J, CROCKER R L, et al., 2021. An integrative health framework for wellbeing in the built environment [J]. Building and Environment, 205: 108253.

EWING R, CLEMENTE O, NECKERMAN K M, et al., 2013. Measuring urban design: metrics for livable places [M]. Washington, D.C.: Island Press: 183.

EWING R, HANDY S, 2009. Measuring the unmeasurable: urban design qualities related to walkability [J]. Journal of Urban Design, 14 (1): 65-84.

FLL, 2018. Guidelines for the planning, construction, and maintenance of green roofs [M]. Bonn: Landscape Development and Landscaping Research Society: 150.

FOLKE C, JANSSON A, LARSSON J, et al., 1997. Ecosystem appropriation by cities [J]. Ambio, 26 (3): 167-172.

Francis J, Giles C B, Wood L, et al., 2012. Creating sense of community: the role of public space [J]. Journal of Environmental Psychology, 32 (4): 401-409.

FRANCIS J, WOOD L J, KNUIMAN M, et al., 2012. Exploring the relationship between public open space attributes and mental health in Perth, Western Australia [J]. Social Science & Medicine, 74 (10): 1570-1577.

FULLER R A, IRVINE K N, DEVINE W P, et al., 2007. Psychological benefits of greenspace increase with biodiversity [J]. Biology Letters, 3 (4): 390-394.

GADAIS T, BOULANGER M, TRUDEAU F, et al., 2018. Environments favorable to healthy lifestyles: a systematic review of initiatives in Canada [J]. Journal of Sport and Health Science, 7 (1): 7-18.

GEBEL K, BAUMAN A E, PETTICREW M, 2007. The physical environment and physical activity: a critical appraisal of review articles [J]. American Journal of Preventive Medicine, 32 (5): 361-369, 363.

GESLER W, 2005. Therapeutic landscapes: an evolving theme [J]. Health & Place, 11 (4): 295-297.

GGHC, 2007. Green Guide for Health Care: best practices for creating high performance healing environments [R]. Washington, D.C.: Health Care Without Harm: 438.

GIBSON J J, 1966. The senses considered as perceptual systems [M]. Boston: Houghton Mifflin: 335.

GIFFORD R, 2007a. Environmental psychology and sustainable development: expansion, maturation, and challenges [J]. Journal of Social Issues, 63 (1): 199-212.

GIFFORD R, 2007b. Environmental psychology: principles and practice [M]. 4th ed. Canada: Optimal Books: 599.

GIVONI B, 1998. Climate considerations in building and urban design [M]. New York: Van Nostrand Reinhold: 464.

GONZALEZ M T, HARTIG T, PATIL G G, et al., 2009. Therapeutic horticulture in clinical depression: a prospective study [J]. Research and Theory for Nursing Practice, 23 (4): 312-328.

GONZALEZ M T, KIRKEVOLD M, 2014. Benefits of sensory garden and horticultural activities in dementia care: a modified scoping review [J]. Journal of Clinical Nursing, 23 (19-20): 2698-2715.

GOU Z, XIE X H, 2017. Evolving green building: triple bottom line or regenerative design [J]. Journal of Cleaner Production, 153 (1): 600-607.

GOU Z H, GAMAGE W, LAU S S Y, et al., 2018. An investigation of thermal comfort and adaptive behaviors in naturally ventilated residential buildings in tropical climates: a pilot study [J]. Buildings, 8 (1): 1-17.

GOU Z H, LAU S S Y, QIAN F, 2015. Comparison of mood and task performance in naturally-lit and artificially-lit environments [J]. Indoor and Built Environment, 24 (1): 27-36.

GUEST C, RICCIARDI W, KAWACHI I, et al., 2013. Oxford handbook of public health practice [M]. New York: Oxford University Press: 629.

GUGGER H, KERSCHBAUMER G, 2013. The compact city: sustainable or just sustaining the economy? [C] //Proceedings of the 4th International Holcim Forum for Sustainable Construction, Mumbai, India: 55-70.

HARTIG T, 2007. Three steps to understanding restorative environments as health resources [M] // THOMPSON C W , TRAVLOU P. Open space: people space. London: Taylor and Francis: 163-179.

HARTIG T, MANG M, EVANS G W, 1991. Restorative effects of natural environment experiences [J]. Environment and Behavior, 23 (1): 3-26.

HARTIG T, MARCUS C C, 2006a. Essay: healing gardens—places for nature in health care [J]. The Lancet, 368: S36-S37.

HARTIG T, MARCUS C C, 2006b. Healing gardens-places for nature in health care [J]. The Lancet, 368: 36-37.

HEERWAGEN J H, 2006. Investing in people: the social benefits of sustainable design [C] // Proceedings of Rethinking Sustainable Construction, Sarasota, Florida, USA: 1-17.

HEIMBURG D V, 2010. Public health and health promotion: a salutogenic approach [D]. Trondheim: Norwegian University of Science and Technology.

HESCHONG L, SAXENA M, 2003. Windows and offices: a study of office worker performance and the indoor environment public interest energy research program [M]. Sacramento: California Energy Commission: 159.

HITCHINGS R, 2013. Studying the preoccupations that prevent people from going into green space [J]. Landscape and Urban Planning, 118: 98-102.

HKSARG, 2015. Hong Kong Planning Standards and Guidelines chapter 4: recreation, open space ,and greening [R]. Hong Kong: Planning Department, The Government of The

Hong Kong Special Administrative Region: 59.

HO K H, ORLENKO I, RENGARAJAN S, 2014. To develop landscape guidelines for application of green plot ratio in Singapore [M]. Singapore: National University of Singapore: 4.

HO P Y, 2018. Making Hong Kong: a history of its urban development [M]. Cheltenham: Edward Elgar Publishing: 496.

HOLDEN E, NORLAND I, 2005. Three challenges for the compact city as a sustainable urban form: household consumption of energy and transport in eight residential areas in the greater Oslo region [J]. Urban Studies, 42 (12): 2145-2166.

HOWARD E, 1985. Garden cities of tomorrow [M]. Eastbourne: Attic Books: 125.

HRASKA J, 2015. Chronobiological aspects of green buildings daylighting [J]. Renewable Energy, 73: 109-114.

HUA Y, OSWALD A, YANG X, 2011. Effectiveness of daylighting design and occupant visual satisfaction in a LEED gold laboratory building [J]. Building and Environment, 46 (1): 54-64.

HWANG Y H, YUE Z E J, 2015. Observation of biodiversity on minimally managed green roofs in a tropical city [J]. Journal of Living Architecture, 2 (2): 9-26.

IMBERT D, 2009. Between garden and city: Jean Canneel-Claes and landscape modernism [M]. Pittsburgh: University of Pittsburgh Press: 277.

IPAQ, 2002. International physical activity questionnaire (long self−administered) [R]. Indianapolis: LOINC Group: 6.

JAMEI E, RAJAGOPALAN P, SEYEDMAHMOUDIAN M, et al., 2016. Review on the impact of urban geometry and pedestrian level greening on outdoor thermal comfort [J]. Renewable and Sustainable Energy Reviews, 54: 1002-1017.

JEVTIC M, MATKOVIC V, PAUT KUSTURICA M, et al., 2022. Build healthier: post-COVID-19 urban requirements for healthy and sustainable living [J]. Sustainability, 14 (15): 9274.

JIANG B, LI D, LARSEN L, et al., 2014. A dose-response curve describing the relationship between urban tree cover density and self-reported stress recovery [J]. Environment and Behavior, 48 (4): 1-23.

JIN P, GAO Y S, LIU L B, et al., 2019. Maternal health and green spaces in China: a longitudinal analysis of MMR based on spatial panel model [J]. Healthcare, 7 (4): 154.

JUYOUNG L, BUM-JIN P, TSUNETSUGU Y, et al., 2009. Restorative effects of viewing real forest landscapes, based on a comparison with urban landscapes [J]. Scandinavian Journal of Forest Research, 24 (3): 227-234.

KAIJIMA M, KURODA J, TSUKAMOTO Y, 2001. Made in Tokyo [M]. Tokyo: Kajima

Shuppankai: 191.

KALITERNA L L, PRIZMIC L Z, ZGANEC N, 2004. Quality of life, life satisfaction, and happiness in shift-and non-shiftworkers [J]. Revista de saude publica, 38: 3-10.

KAPLAN R, 1993. The role of nature in the context of the workplace [J]. Landscape and Urban Planning, 26: 193-201.

KAPLAN R, KAPLAN S, 2011. Well-being, reasonableness, and the natural environment [J]. Applied Psychology: Health and Well-Being, 3 (3): 304-321.

KAPLAN S, 1995. The restorative benefits of nature: toward an integrative framework [J]. Journal of Environmental Psychology, 15 (3): 169-182.

KEARNS R A, GESLER W M, 1998. Putting health into place: landscape, identity, and well-being [M]. Syracuse, New York: Syracuse University Press: 272.

KELLERT S R, 2005. Building for life: designing and understanding the human-nature connection [M]. Washington, D.C.: Island Press: 264.

KELLERT S R, WILSON E O, 1993. The biophilia hypothesis [M]. Washington D.C.: Island Press: 484.

KENT J, THOMPSON S, JALALUDIN B, 2011. Healthy built environments: a review of the literature [M]. Sydney: City Futures Research Centre: 201.

KHOSHBAKHT M, GOU Z H, LU Y, et al., 2018. Are green buildings more satisfactory [J]. Habitat International, 74: 57-65.

KRAFT M K, LEE J J, BRENNAN L K, 2012. Active living by design sustainability strategies [J]. American Journal of Preventive Medicine, 43 (5): S329-S336.

KUBBA S, 2012. Handbook of green building design and construction: leed, breeam, and green globes [M]. Waltham: Butterworth-Heinemann: 832.

KWEON B S, ULRICH R S, WALKER V D, 2008. Anger and stress the role of landscape posters in an office setting [J]. Environment and Behavior, 40 (3): 355-381.

LAM K P, 2011. The human dimension in product and process modelling for green building design [M] // YEANG K, SPECTOR A. Green design: from theory to practice. London: Black Dog: 79-88.

LARKIN A, KRISHNA A, CHEN L, et al., 2022. Measuring and modelling perceptions of the built environment for epidemiological research using crowd-sourcing and image-based deep learning models [J]. Journal of Exposure Science Environmental Epidemiology, 32 (6): 892-899.

LAU S S Y, GIRIDHARAN R, GANESAN S, 2003. Policies for implementing multiple intensive land use in Hong Kong [J]. Journal of Housing and the Built Environment, 18 (4): 365-378.

LEA J, 2008. Retreating to nature: rethinking 'therapeutic landscapes' [J]. Area, 40 (1): 90-98.

LEDERBOGEN F, KIRSCH P, HADDAD L, et al., 2011. City living and urban upbringing affect neural social stress processing in humans [J]. Nature, 474 (7352): 498-501.

LEE A C, MAHESWARAN R, 2011. The health benefits of urban green spaces: a review of the evidence [J]. J Public Health , 33 (2): 212-222.

LEE J, PARK B J, TSUNETSUGU Y, et al., 2011. Effect of forest bathing on physiological and psychological responses in young Japanese male subjects [J]. Public Health, 125 (2): 93-100.

LEE K Y, 2000. From third world to first: the Singapore story: 1965-2000 [M]. Singapore: HarperCollins.

LINDEMANN-MATTHIES P, BENKOWITZ D, HELLINGER F, 2021. Associations between the naturalness of window and interior classroom views, subjective well-being of primary school children and their performance in an attention and concentration test [J]. Landscape and Urban Planning, 214: 104146.

LITTLEFAIR P J, SANTAMOURIS M, ALVAREZ S, et al., 2000. Environmental site layout planning: solar access, microclimate, and passive cooling in urban areas [M]. London: BRE Publications: 159.

LITVA A, EYLES J, 1994. Health or healthy: why people are not sick in a Southern Ontarian town [J]. Social Science Medicine, 39 (8): 1083-1091.

LOPEZ R P, 2012. The built environment and public health [M]. 2th ed. New York: John Wiley & Sons, Inc,: 432.

LOTTRUP L, GRAHN P, STIGSDOTTER U K, 2013. Workplace greenery and perceived level of stress: benefits of access to a green outdoor environment at the workplace [J]. Landscape and Urban Planning, 110: 5-11.

LU Y, GOU Z H, XIAO Y, et al., 2018. Do transit-oriented developments (TODs) and established urban neighborhoods have similar walking levels in Hong Kong? [J]. International Journal of Environmental Research and Public Health, 15 (3): 1-14.

LUO M, CAO B, DAMIENS J, et al., 2015. Evaluating thermal comfort in mixed-mode buildings: a field study in a subtropical climate [J]. Building and Environment, 88: 46-54.

MACDONALD J J, 2005. Environments for health: a salutogenic approach [M]. London: Earthscan: 144.

MALLER C, TOWNSEND M, PRYOR A, et al., 2005. Healthy nature healthy people: 'contact with nature' as an upstream health promotion intervention for populations [J]. Health Promotion International, 21 (1): 45-54.

MALNAR J M, VODVARKA F, 2004. Sensory design [M]. Minneapolis: Minneapolis University of Minnesota Press: 376.

MARCUS C C, BARNES M, 1999. Healing gardens: therapeutic benefits and design recommendations [M]. New York: Wiley: 624.

MAYER F S, FRANTZ C M, 2004. The connectedness to nature scale: a measure of individuals' feeling in community with nature [J]. Journal of Environmental Psychology, 24 (4): 503-515.

MCCORMACK G, GILES-CORTI B, LANGE A, et al., 2004. An update of recent evidence of the relationship between objective and self-report measures of the physical environment and physical activity behaviours [J]. Journal of Science and Medicine in Sport, 7 (1): 81-92.

MCCUE P, THOMPSON S, 2012. Healthy planning in NSW: key resources for effective policy making and practice [J]. New Planner (91): 10-13.

MCHARG I L, 1969. Design with nature [M]. Berkeley: University of California Press: 197.

MCHORNEY C A, 1999. Health status assessment methods for adults: past accomplishments and future challenges [J]. Annual Review of Public Health, 20 (1): 309-337.

MILLER M, 2010. English garden cities: an introduction [M]. Swindon: English Heritage: 224.

MINTER S, 2005. The healing garden: a practical guide for physical emotional well-being [M]. London: Eden Project Books: 192.

MORRIS K I, CHAN A, MORRIS K J K, et al., 2017. Impact of urbanization level on the interactions of urban area, the urban climate, and human thermal comfort [J]. Applied Geography, 79: 50-72.

MUMFORD L, RUI J, 1995. Nature is irresistible and invincible [J]. Preface of Design with Nature Urban Studies (6): 9-10.

NHWP, 2013. Designing healthy environments at work (DHEW) assessment instructions [R]. Michigan: National Healthy Worksite Programme: 16.

NPARKS, 2023. Factsheet: Updates On City in Nature Efforts [R]. Singapore: National Parks Board: 14.

NPTD, 2013. Population White Paper: a sustainable population for a dynamic Singapore [R]. Singapore: Prime Minister's Office: 76.

NWHP, 2001. The checklist of health promotion environments at worksites (CHEW) [R]. San Diego: University of San Diego: 10.

ODE A, TVEIT M S, FRY G, 2008. Capturing landscape visual character using indicators: touching base with landscape aesthetic theory [J]. Landscape Research, 33 (1): 89-117.

OKE T R, 1981. Canyon geometry and the nocturnal urban heat island: comparison of scale model and field observations [J]. Journal of Climatology, 1 (3): 237-254.

OKE T R, 1988. Street design and urban canopy layer climate [J]. Energy and Buildings, 11 (1-3): 103-113.

OKE T R, CROWTHER J M, MCNAUGHTON K G, et al., 1989. The micrometeorology of the urban forest [J]. Biological Sciences, 324 (1223): 335-349.

ONG B L, 2003. Green plot ratio: an ecological measure for architecture and urban planning [J]. Landscape and Urban Planning, 63 (4): 197-211.

PARK S H, MATTSON R H, 2008. Effects of flowering and foliage plants in hospital rooms on patients recovering from abdominal surgery [J]. Horttechnology, 18 (4): 563-568.

PARK S, TULLER S E, 2013. Advanced view factor analysis method for radiation exchange [J]. International Journal of Biometeorology, 58: 1-18.

PARKINSON T, DE DEAR R, CANDIDO C, 2016. Thermal pleasure in built environments: alliesthesia in different thermoregulatory zones [J]. Building Research and Information, 44 (1): 20-33.

PCAL, 2011. Development & active living: designing projects for active living [M]. Sydney: NSW Premier's Council for Active Living: 66.

PEARLIN L I, SCHOOLER C, 1978. The structure of coping [J]. Journal of Health and Social Behavior, 19 (1): 2-21.

PIKORA T J, BULL F C L, JAMROZIK K, et al., 2002. Developing a reliable audit instrument to measure the physical environment for physical activity [J]. American Journal of Preventive Medicine, 23 (3): 187-194.

POCOCK D, 1989. Sound and the geographer [J]. Geography, 73 (3): 193-200.

RIES A V, VOORHEES C C, ROCHE K M, et al., 2009. A quantitative examination of park characteristics related to park use and physical activity among urban youth [J]. Journal of Adolescent Health, 45 (3): S64-S70.

RYDIN Y, BLEAHU A, DAVIES M, et al., 2012. Shaping cities for health: complexity and the planning of urban environments in the 21st century [J]. The Lancet, 379 (9831): 2079-2108.

SALATA F, GOLASI I, PETITTI D, et al., 2017. Relating microclimate, human thermal comfort, and health during heat waves: an analysis of heat island mitigation strategies through a case study in an urban outdoor environment [J]. Sustainable Cities and Society, 30: 79-96.

SALLIS J F, 2009. Measuring physical activity environments: a brief history [J]. American Journal of Preventive Medicine, 36 (4): S86-S92.

SARKAR C, WEBSTER C, GALLACHER J, 2014. Healthy cities: public health through urban planning [M]. Cheltenham: Edward Elgar: 424.

SCHWEITZER M, GILPIN L, FRAMPTON S, 2004. Healing spaces: elements of environmental design that make an impact on health [J]. Journal of Alternative Complementary Medicine, 10: S-71, S-83.

SHAH S, VAN DER SLUIJS C P, LAGLEVA M, et al., 2011. A partnership for health: working with schools to promote healthy lifestyle [J]. Australian Family Physician, 40 (12): 1011-1013.

SHI S, GOU Z, CHEN L H C, 2014. How does enclosure influence environmental preferences? a cognitive study on urban public open spaces in Hong Kong [J]. Sustainable Cities and Society, 13: 148-156.

STOKOLS D, 1979. A congruence analysis of human stress [M] // SARASON I G, SPIELBERGER C D. Stress and anxiety. Washington, D.C.: Hemisphere: 35-64.

STOVIN V, 2009. Green roofs and stormwater management [R]. Department of Civil and Structural Engineering Pennine Water Group University of Sheffield: 44.

SUGIYAMA T, THOMPSON C W, 2007. Measuring the quality of the outdoor environment relevant to older people's lives [M] // THOMPSON C W, TRAVLOU P. Open Space: People Space. London: Taylor and Francis: 153-162.

SVENSSON M K, 2004. Sky view factor analysis—implications for urban air temperature differences [J]. Meteorological Applications, 11 (3): 201-211.

TAN S Y, 2012. The practice of integrated design: the case study of Khoo Teck Puat Hospital, Singapore [D]. Nottingham: University of Nottingham.

THOMSEN J D, SØNDERSTRUP-ANDERSEN H K H, MÜLLER R, 2011. People-plant relationships in an office workplace: perceived benefits for the workplace and employees [J]. HortScience, 46 (5): 744-752.

THWAITES K, HELLEUR E, SIMKINS I M, 2005. Restorative urban open space: exploring the spatial configuration of human emotional fulfilment in urban open space [J]. Landscape Research, 30 (4): 525-547.

TIAN Y, JIM C Y, 2012. Development potential of sky gardens in the compact city of Hong Kong [J]. Urban Forestry Urban Greening, 11 (3): 223-233.

ULI, CLC, 2013. 10 Principles for liveable high-density cities: lessons from Singapore [M]. Singapore: Centre for Liveable Cities and Urban Land Institute: 91.

ULRICH R S, 1979. Visual landscapes and psychological well-being [J]. Landscape Research, 4 (1): 17-23.

ULRICH R S, 1993. Biophilia, biophobia, and natural landscapes [M] // KELLERT S R, WILSON E O. The Biophilia Hypothesis.Washington, D.C.: Island Press: 73-137.

ULRICH R S, 1999. Effects of gardens on health outcomes: theory and research [M] // MARCUS C C, BARNES M. Healing Gardens: Therapeutic Benefits and Design Recommendations. New York: Wiley: 27-86.

UN, 2022. World cities report 2022 envisaging the future of cities [M]. Nairobi: United Nations Human Settlements Programme: 387.

UNEP, 2003. Millennium ecosystem assessment ecosystems and human well-being: a framework for assessment [M]. Washington, D.C.: Island Press: 245.

USGBC, 2012. LEED 2009 for healthcare [R]. Washington, D.C.: U.S. Green Building Council: 95.

USGBC, 2013. LEED V4 reference guide for building design and construction [R]. Washington, D.C.: U.S. Green Building Council: 807.

USGBC, 2014. Office guidelines and workbook [R]. Portland: USGBC Maine Chapter: 18.

UWA, 2002. Systematic pedestrian and cycling environmental space [M]. Perth: University of Western Australia: 2.

VANHECKE L, VERHOEVEN H, CLARYS P, et al., 2018. Factors related with public open space use among adolescents: a study using GPS and accelerometers [J]. International Journal of Health Geographics: 17.

VAPAA A G, 2002. Healing gardens: creating places for restoration, meditation, and sanctuary [D]. Blacksburg : Virginia Polytechnic Institute and State University.

WEISS G L, LONNQUIST L E, 2015. The sociology of health, healing, and illness [M]. 8nd ed.Upper Saddle River: Pearson Education, Inc.: 464.

WEN Y M, LAU S K, LENG J W, et al., 2023. Passive ventilation for sustainable underground environments from traditional underground buildings and modern multiscale spaces [J]. Tunnelling and Underground Space Technology, 134: 105002.

WHO, 1946. Preamble to the constitution of the World Health Organization [C] // Proceedings of the international health conference: 38-40.

WHO, 1997. WHOQOL measuring quality of life [R]. Geneva: Division of Mental Health and Prevention of Substance Abuse: 15.

WHO, 2004. Prevention of mental disorders: effective interventions and policy options [R].

Geneva: World Health Organisation: 66.

WHO, 2016. Global report on urban health: equitable healthier cities for sustainable development [R]. Kobe: Centre for Health Development, World Health Organization: 239.

WILSON E O, 1984. Biophilia [M]. Cambridge: Harvard University Press: 176.

HIEN W N, JUSUF S K, 2010. Air temperature distribution and the influence of sky view factor in a green Singapore estate [J]. Journal of Urban Planning and Development, 136 (3): 261-272.

WONG N H, TAN A Y K, TAN P Y, et al., 2010. Perception studies of vertical greenery systems in Singapore [J]. Journal of Urban Planning and Development, 136: 330-338.

WORPOLE K, 2007. The health of the people is the highest law: public health, public policy, and greenspace [M] // THOMPSON C W, TRAVLOU P. Open space: people space [M]. New York: Taylor Francis: 11-22.

WU Y, SWAIN R E, JIANG N, et al., 2020. Design with nature and eco-city design [J]. Ecosystem Health and Sustainability, 6 (1): 1781549.

XUE F, GOU Z, 2018. Healing space in high-density urban contexts: case studies and design strategies [M] // ALETTA F, XIAO J. Handbook of research on perception-driven approaches to urban assessment and design. Hershey: IGI Global: 489-507.

XUE F, GOU Z, LAU S S Y, et al., 2019b. From biophilic design to biophilic urbanism: stakeholders' perspectives [J]. Journal of Cleaner Production, 211: 1444-1452.

XUE F, GOU Z, LAU S S Y, 2017a. Green open space in high-dense Asian cities: site configurations, microclimates, and users' perceptions [J]. Sustainable Cities and Society, 34: 114-125.

XUE F, GOU Z H, LAU S S Y, 2017b. The green open space development model and associated use behaviors in dense urban settings: lessons from Hong Kong and Singapore [J]. Urban Design International, 22 (4): 287-302.

XUE F, GOU Z H, LAU S S Y, 2016a. Human factors in green office building design: the impact of workplace green features on health perceptions in high-rise high-density Asian cities [J]. Sustainability, 8 (11): 1095-1095.

XUE F, LAU S S, GOU Z, et al., 2019a. Incorporating biophilia into green building rating tools for promoting health and wellbeing [J]. Environmental Impact Assessment Review, 76: 98-112.

XUE F, LAU S S Y, 2016b. Legacy or lifestyle driver: a London study of healing space in contemporary urban environments [J]. Landscape Architecture Frontiers, 4 (4): 20-41.

YANG F, 2009. The effect of urban design factors on the summertime heat islands in high-rise residential quarters in inner-city Shanghai [D]. Hong Kong: The University of Hong Kong.

YANG F, LAU S S Y, QIAN F, 2010. Summertime heat island intensities in three high-rise housing quarters in inner-city Shanghai China: building layout, density, and greenery [J]. Building and Environment, 45 (1): 115-134.

YANG F, LAU S S Y, QIAN F, 2011. Urban design to lower summertime outdoor temperatures: an empirical study on high-rise housing in Shanghai [J]. Building and Environment, 46 (3): 769-785.

YANG F, QIAN F, LAU S S Y, 2013. Urban form and density as indicators for summertime outdoor ventilation potential: a case study on high-rise housing in Shanghai [J]. Building and Environment, 70: 122-137.

YANG W Y, YANG R Y, Li X, 2023. A canonical correlation analysis study on the association between neighborhood green space and residents' mental health [J]. Journal of Urban Health-Bulletin of The New York Academy of Medicine, 100 (4): 696-710.

YEANG K, 1999. The green skyscraper: the basis for designing sustainable intensive buildings [M]. Munich: Prestel: 304.

YEANG K, SPECTOR A, 2011. Green design: from theory to practice [M]. London: Black Dog: 143.

YU K, PADUA M, 2006. The art of survival: recovering landscape architecture [M]. Australia: Images Publishing Group: 192.

YUEN B, 2011. Centenary paper: urban planning in Southeast Asia: perspective from Singapore [J]. Town Planning Review, 82 (2): 145-168.

ZHANG Y, CHEN J, LIU H, et al., 2024. Recent advancements of human-centered design in building engineering: a comprehensive review [J]. Journal of Building Engineering, 84: 108529.

香港发展局，香港规划署，2021. 香港2030+：跨越2030年的规划远景与策略 [R]. 香港：香港特别行政区政府：55.